우리가 먹는 화학물질

M.A.비나드 지음
박택규 옮김

The Chemicals We Eat

by

Melvin A. Benarde

American Heritage Press

New York

U.S.A.

1971

《著者紹介》

　1923年 브루클린生.
쎄인트 쟌즈大, 미주리大, 미쉬건州立大 卒, Ph. D.(微生物學).

　뉴욕 公衆保健硏究所硏究員, 메릴런드海洋食品加工硏究所助敎授, 랏거스大土木工學科副敎授(生物工學)

　現 필러델피어 하니먼醫大敎授(傳染病學 및 社會醫學), 美國公衆保健協會・英國王立保健學會・豫防醫學敎授協會會員

著書：《饑餓와의　競走》('68),
　　　《消毒》('70),《우리의
　　　不安定한 棲息地》('73),
　　　《海邊의 休日》('74, 夫
　　　人과 共著)

《譯者略歷》

1933年 嶺南端川 生.
서울大文理大化學科, 大學院卒, 이학박사(建國大).

中央高敎師, 서울大文理大講師, 韓國科學史學會幹事, 建國大文理大 理學部長, 美國펜실베이니어大學校化學科 交換敎授 歷任

現 建國大理科大化學科敎授, 韓國著述人協會副會長

專攻：生化學

著書：《화학》I・II(1968),《새化學》(1969),《生化學》(1979),《基礎生化學》(1981),《實驗生化學》(1985)

譯書：《科學史의 뒷얘기 I-化學》(1973),
　　　《생활속의 化學》(1981)

論文：「Arylnitrile imine의 1, 3 Dipolar Cycloaddition 反應에 관한 硏究」(1973)外 數十篇

애 많이 쓴 애니터에게——

차   례

I 장
왜 化學物質이 食品에 들어 있는가?

「사람은 必要가 발등에 떨어지지 않는 한 繁榮에의
첫발을 내딛는 일이 없다.」
썸즈(William Gilmore Simms, 1806 - 70)

미국사람들에게는 秋收感謝節의 크랜베리(cranberry, 넝
쿨월귤)는 애플 파이(apple pie), 닭고기 수프와 마찬가지로
없어서는 안되는 것이다. 1959년 11월 9일 保健敎育福祉省
(HEW)의 플레밍(Arthur S. Flemming)장관이 크랜베리 속
에 除草劑로 쓰이는 아미노트리아졸*(aminotriazole)이 발견
되었다고 발표하기 전까지는 크랜베리가 없는 秋收感謝節
이란 도시 생각할 수조차 없었다. 크랜베리에서 검출된 양
의 10~100배의 아미노트리아졸을 함유한 食品을 쥐에게
먹였더니 70~100주 안에 그중 몇마리에 甲狀腺癌이 발
생했다는 것이다.

이리하여 그달 26일 목요일까지 공격과 변명과 혼란과
半信半疑의 거센 폭풍이 몰아쳤고 결국 수백만의 미국사
람들에게 크랜베리는 손댈 수 없는 것이 되고 말았다.

이로부터 거의 10년이 지난 1969년 10월 18일 보건교
육복지성의 핀취(Robert H. Finch)장관은 오랫동안 식품
에 흔히 사용되어 왔던 非營養甘味料인 싸이클러메이트

---

* 아미노트리아졸은 오랫동안 옥수수 밭에서 엽록소(光合成에 필
요한 녹색 색소)의 생성을 방해해서 결국 탄수화물의 합성을 방
해하는 除草劑로서 사용됐다.

(cyclamate)를 음식물에 사용하는 것을 다음 해 1월을 기해 모두 금지시킨다고 신문에 발표했다.

이미 흡연, 대기오염, 수질오염, DDT의 殘存效果 등에 대한 공포가 사회적인 물의를 일으키고 있었고 따라서 시장에서 싸이클러메이트를 함유한 식품을 추방하지 않을 수 없었다. 다시 쥐를 사용한 연구가 잠재적인 위험을 지적했던 것이다. 이 시기에 매우 드문 형태의 膀胱癌이기는 했으나 사람이 섭취해도 된다고 생각되는 최대량의 싸이클러메이트의 50배를 함유한 사료를 쥐에게 먹였더니 20마리중 7마리에 癌발생이 발견됐다는 것이다.

오늘날에는 神聖不可侵의 식품이란 없으며 이것은 애플파이나 닭고기차우 메인*(chicken chow mein)에 국한된 것이 아니다. 調味料인 글루탐산소다(monosodium glutamate, MSG)의 경우를 보면 차우 메인 또는 달걀수프(egg drop soup), 닭고기 딩 호**(chicken ding ho), 그밖에 수백종의 음식의 맛을 좋게 하기 위해서 쓰여지고 있다. 이 MSG가 최근에 와서는 〈中華料理症狀群〉***(Chinese Restaurant Syndrome)이라는 症狀의 원인이 아닌가 의심하고 있다.

만약 일반인들에게 이러한 被害妄想症이 계속된다면 애플 파이 자체가 毒物學者의 정밀한 조사대상이 되는 것은 시간문제이다. 그렇다고 해서 식품에 함유돼 있는 化學物質을 고찰하는 것이 사소한 문제라거나 쓸데없는 일이라

---

* 역자주 : 미국에서 가장 대중적인 중국음식. 야채를 볶아 국수를 곁들인 것으로 잡채 비슷하다.
** 저자가 닭고기 딩 호에 관해서 언급한 것은 최근에 보스튼에서 처음으로 이 요리를 먹었을 때 가슴에 격렬한 통증이 있었고, 곧 매써추지츠의 종합병원에서 진찰을 받았다. 그 결과 저자에게는 신경장해나 심장장해 같은 것이 없었음이 증명됐다. 따라서 이것은 아마도 중화요리증상일 것이라고 진단됐다.
*** 〈중화요리증상군〉이라는 것은 최근에 발견된 복잡한 증상으로서 많은 사람들에게 입술이 얼얼하고 호흡곤란, 失神 또는 심장병과 비슷한 가슴의 통증을 일으킨다.

는 것은 아니다. 다만 저자는 식품 속에 화학물질이 들어 있다는 사실이 염려할 것이 못된다고 생각하며 이 점 독자들도 마찬가지로 생각할 것이다. 왜 격정스럽지 않은가 하는 점을 설명해 나가겠다.

실제로 모든 생물은 화학물질로 이루어져 있다. 우리 자신의 신체도 우리가 먹는 농작물이나 동물과 마찬가지로 이러한 화학물질로 이루어져 있다. 더우기 자연에는 인간에게 有害한 여러 종류의 화학물질을 가진 많은 식물, 곤충, 물고기, 조개 및 동물이 있음을 상기해야 한다. 이에 관해서는 Ⅱ章에서 검토하겠지만 예컨대 毒느타리버섯(fly agaric, *Amanita muscaria*), 毒버섯(mushroom) 등은 매우 적은 양이지만 有毒한 화학물질을 가지고 있다. 한편 콜리플라워*(cauliflower) 같은 것은 고이트로겐(goitrogen)이라는 티오시안화합물을 포함하고 있는데 이 물질은 수파운드 정도가 아니면 毒性의 효과가 실제로 나타나지 않는다.

끝으로 식품에 사용되는 화학물질의 안전성이 보증되기만 한다면 어느 것이나 도움이 된다는 사실을 알고 있으므로 격정하지 않아도 된다.

1960년 3월 食品醫藥品局(Food and Drug Administration) 委員長 조지 P. 래릭(George P. Larrick)이 한 『크랜베리, 카포넷(caponette), 블랙 젤리 콩(black jelly bean)의 예, 또 그밖에 여러 情報源의 잘못된 정보에 의해서 혼란이 일어난 일반사람들의 격정은 거의 불확실한 것이다. 소위 식품 중에 함유된 화학물질의 문제는 아직 확실히 이해돼 있지 않다.』는 말은 옳다. 그러나 일반사람들의 마음 속의 혼란, 격정, 긴장은 오늘날 감소되기는커녕 더욱 커지고 있다.

두가지 명확한 의문이 제기된다. 첫째, 우리가 먹는 식품에 화학물질을 첨가할 필요가 있는가? 둘째, 우리가 먹는

---

* 역자주 : 양배추의 일종

식품은 안전한가? 불행히도 이러한 질문에 대해서 부적당하게 대답하는 〈네〉 또는 〈아니오〉는 모두가 천진난만하고 오해에 찬 것이다.

우리는 「소비자들은 무엇을 바라고 있는가?」라는 질문에서 시작해야 한다.

오늘의 주부들은 그들의 할머니들이 꿈도 꾸지 못한 〈인스탄트〉(instant)식품, 「데우면 곧 식탁에 오를 수 있는」 또는 「즉시 調理될 수 있는」 편리한 식품들을 무심코 받아들일 뿐 아니라 살 수 있기를 요구하기도 한다. 이러한 이유 중의 하나는 점차로 많은 부인들이 직업을 갖게 되었다는 점이다. 오늘날 주부들 중 7,400만명이 직업을 갖고 있으며 서기 2000년에는 1억 3,500만명에 이를 것이라 한다. 그 결과 그들은 부엌에서 소비하는 시간이 적어지고, 따라서 비싸지만 편리한 식품을 사기 위해서 더 많은 돈을 치르게 되었다(미국에서는 이러한 형태로 지출되는 금액이 1950년 이후 2배 이상에 이르렀고 앞으로도 계속 상승될 것이 예견된다).

수퍼마키트의 늘어나는 수입식품의 재고와 특수상점은 외국을 처음 여행한 일부 소비자들에게 새로운 구매욕을 자극할 것이 틀림없다. 그들은 자신이 맛 본 식품을 친구들에게 소개하고 싶은 충동을 느끼며 돌아온다. 그러나 그들은 처음부터 그 식품을 만들기 위해서 시간을 낭비하는 것을 원하지 않는다. 이리하여 포장되어 나온 무쓰*(mousse)나 쑤플**(soufflé)접시, 베아르내즈(bearnaise), 네덜란트 쏘스(hollandaise sauces), 끼슈 로랜(quiche Lorraine), 스테이크 및 콩팥 파이(steak and kidney pie) 등등은 오랫동안 진열되어도 견뎌낼 수 있도록 디자인하지 않으면 안된다. 이러한 외국산 식품은 冷凍食品이나 〈인스탄트〉아침식사

---

* 역자주 : 거품이 이는 아이스크림.
** 역자주 : 달걀흰자에 우유를 섞어서 구운 요리.

와 같은 평범한 품목과 마찬가지로 화학약품을 첨가하지
않고는 존재할 수조차 없다.

또 점점 더 많은 식품과 음료가 자동판매기로 팔리게
되자 이런 것들이 오랫동안 진열되어도 견딜 수 있게 안정
하게 만들지 않으면 안됐다. 이러한 스낵(snack)을 충동에
따라 먹은 결과 미국에서는 肥滿이 국가적 문제로 되었다.
비만에 대한 인식은 칼로리를 낮게 하기 위해서 여러가지
化學添加劑를 가한 칼로리값이 낮은 식품과 혼합해 만든 식
품에 대한 수요를 자극하게 했다.

또다른 사회적 경향으로 인간의 수명을 크게 연장시키
는 새로운 형태의 식품개발이 촉진되었다. 1980년까지 적
어도 미국인구의 14%에 이르는 3,500만명 가까운 사람들
이 60세를 넘길 것이다. 따라서 預金이나 年金으로 생활
하고 있는 노인들이 살 수 있는 가격으로 공급되는 노인용
식품(geriatric food)을 파는 전문가게가 설치될 것이다.

아마도 食品技術의 진보를 촉진시키는 데 가장 큰 자극이
된 것은 미국의 급속한 인구팽창이다. 20세기초 미국45
주의 총인구는 7,600만명이었으나 1960년에는 2배 이
상이 되어 버렸고, 1980년까지는 다시 2배로 증가될 것으
로 전망된다. 그림 1,2,3은 미국의 1750년 이후의 인구증
가경향, 같은 기간에 있어서의 세계의 인구증가 및 서기
1년 이후의 세계의 인구증가를 각각 나타내고 있다. 더우
기 미국의 경우는 그래프에 나타난 것 같이 넓은 예상인
구증가의 폭을 보이고 있다. 현 시점에서 실제의 수자
를 결정하는 데는 몇가지 곤란한 요소가 있기 때문이다.
이 세 그림은 모두 공통적인 특성을 나타내고 있다. 즉
1850년부터 급격한 상승이 일어난 것이다. 이에 대해 저
널리스트들은 〈人口爆發〉이라는 표현을 쓰고 있다.

이러한 급격한 증가는 불길한 두려움을 수반한다. UN
食糧農業機構(Food and Agriculture Organization, FAO)에

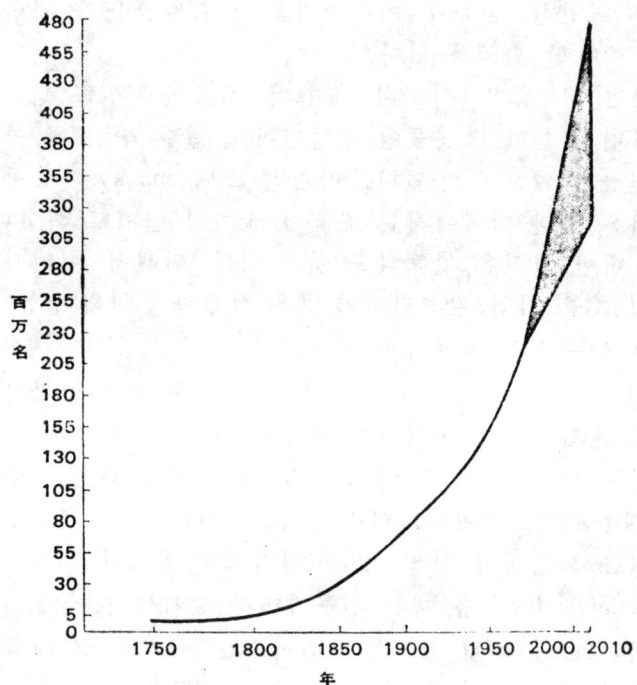

〔그림 1〕 1750년 이후의 미국의 인구증가

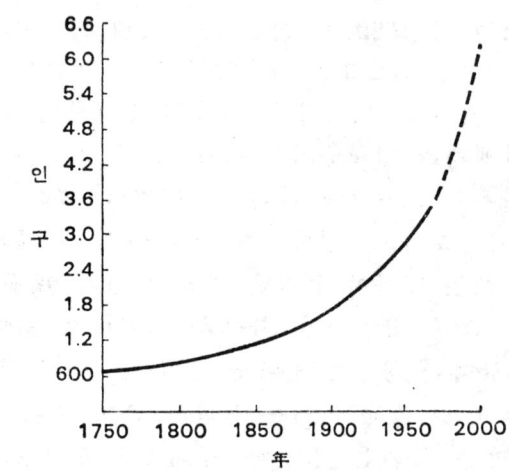

〔그림 2〕 1750년 이후의 세계의 인구증가

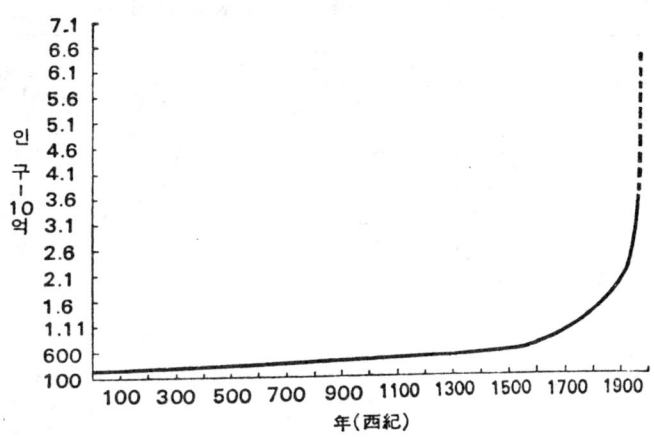

[그림 3] 서기 1년 이후의 세계의 인구증가

의하면 현재의 인구로도 세계의 많은 지역에서는 충분한
식량이 공급되지 못하고 있다고 한다. 비록 미국에서는 당
장 이러한 위협이 없다고 해도 우리는 계속적으로 토지의
에이커當 收穫量을 증가시키는 새로운 방법과 우리가 필
요로 하는 식량의 공급을 계속 위협하는 미생물, 곤충, 線
虫類(nematodes) 및 有害한 哺乳類를 박멸할 방법을 모색
해야 한다. 따라서 독자들은 〈化學藥品追放〉의 절규를 들
을 때 이런 문제를 조심성있게 생각해야 한다.

　1920년에는 그때까지 경작되고 있던 비옥한 토지로 1억
600만명을 먹일 수 있었다. 그런데 1970년이 되면서 이에
부가해서 다시 1억 500만명이 경작지로는 별로 적당치 못
한 토지에서 식량을 얻게 되었다. 서기 2000년에는 다시
1970년의 2배 이상의 사람들을 먹여 살려야 한다. 따라서
더욱 더 이용가치가 적은 토지에서도 더 많은 식량을 생산
해야 된다는 것이 自明하지만, 아마도 이보다 더 중요한 것
은 수확해서 가공하여 시장으로 내보내 판매하여 먹을 수
있게 하기까지 생산된 것을 보존해야 한다는 것이다.

〔표 1〕 중요한 농작물의 손해추정(가능생산량), 미국, 1965

농작물	피 해 원 (%)				손해량 (100만톤)
	병	곤충	선충류	잡초	
옥수수	12	12	3	10	37
밀	14	6		12	11. 5
쌀	7	4		17	0. 6
콩	14	3	2	17	3. 7
드라이 빈(dry bean)	17	20		15	0. 5
강낭콩(snap bean)	20	12	5	9	0. 3
감자	19	14	4	3	4. 7
토마토	22	7	8	7	5. 0
사과	8	13		3	0. 7
오린지	12	6	4	5	1. 5
양딸기	26	25		25	0. 2
알팔파	24	15	3		30
목초(건초로서)	5	20		15	100
사탕무우	16	12	4	8	5. 9

표 1에서 보여 주듯이 雜草 또는 그밖의 피해로 인한 에이커當 농작물의 손실은 막대하다. 이 표는 매써추지츠대학 農業硏究所(Agricultural Experiment Station)의 연구관들이 잡초가 없는 경우와 있는 경우의 옥수수의 성장을 조사한 것이다. 잡초가 없는 곳에서 자란 식물은 잡초와 더불어 토지, 수분, 영양 등을 경쟁적으로 뺏어야만 하는 식물에 비해서 65% 이상의 높은 수확량을 보이고 있다. 아이오워(Iowa)대학에서 했던 실험에서도 잡초가 없는 곳에서 키운 옥수수는 30% 이상의 增收를 보이고 있다. 이러한 비율을 수백만톤의 농작물에 적용시켜 보면 독자들은 잡초문제가 얼마나 중요한가를 알 수 있을 것이다.

현재 驅除方法이 강구되어 있음에도 불구하고 식량의 저장 및 수송 중에 곤충류(그림 4 참조)에 의한 손실은 연간 5억 달러 이상에 이르고 있다. 또한 쥐에 의한 식량의 손실도 자그마치 연간 20억달러를 상회하고 있다. 따라서 여기

14

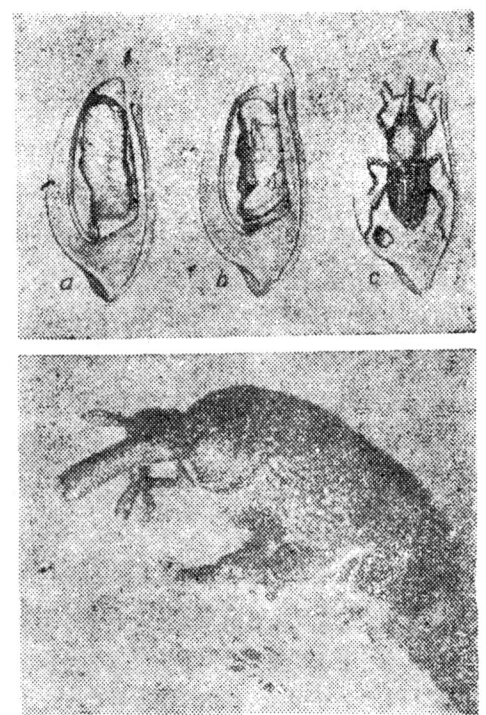

〔그림 4〕 밀에 붙은 害虫의 성장단계(위)와 농작물에 붙은
해충 써토필루스(*Sitophilus*)의 확대사진

에 잡초에 의한 수백萬톤의 농작물의 손실을 합해 보
면 食品加工業者들이나 농민들이나 소비자들이 우리의 식
량공급을 증가시키기 위해서 화학약품의 사용에 死活을 걸
고 이에 도전하고 있는 이유를 깨달을 수 있을 것이다.

　農業經濟學者들은 매년 害虫類에 의한 농작물의 손실을
20～25%로 계산하고 있다. 이것은 성장 중의 피해나 수확
후의 피해를 합한 것이다. 이 이상의 손실을 막기 위해서
농민이 사용하는 유일한 효과적인 수단은 이용할 수 있게
된 化學殺虫劑이다. 가축, 우유 및 고기의 생산에서 미생물,
진드기(tick), 이(lice), 파리, 곤충 등에 의한 피해를 줄이
거나 방지하는 데는 화학적인 조처가 핵심이 되고 있다.

화학약품은 우리의 식량공급을 그 공급원에서 보호하는 외에 긴급사태에 대비하는 備蓄을 위한 식량저장을 가능하게 하는 면에서도 중요한 역할을 하고 있다. 사실 흉년이나 풍년을 빼놓으면 食品技術者들은 현대판 요셉(Joseph)이다.

화학약품의 올바른 이용은 우리에게 1년 내내 시장에서 4계절의 식품을 구할 수 있게 해 주며 또한 부패되기 쉬운 식품의 신선도를 연장시켜 준다.

최근 지적된 바에 의하며 에이브러햄 링큰(Abraham Lincoln, 1809 - 65)이 시골상점에서 점원으로 있을 때는 약 900종의 품종이 손님들에게 제공되었다. 그런데 1941년에는 이 수자가 1,500으로 증가되었다. 이것은 사람들이 식탁에 여러가지 변화를 원한다는 것을 단적으로 말해 준다. 1960년에 우리는 식료품점에서 6,000종 이상의 식품을 살 수 있게 되었다. 또 1970년에는 큰 수퍼마키트에서 7,500종 이상의 식품을 팔고 있다. 더우기 오늘날에는 2억 1,000만명의 사람들이 1920년에 1억 600만명이 먹었던 것보다 더 좋은 것을 먹고 있다. 그러나 우리가 이처럼 엄청나게 증가한 인구를 더 잘 먹일 수 있는 중요한 요소는 농작물의 에이커당 수확량과 가축 한마리당 생산량을 증가시키고 식품을 더욱 오랫동안 보존하는 것이다. 이러한 모든 것은 모두 화학약품에 의해서 이룩되었다.

저자는 《우리의 不安定한 棲息地》(*Our Prscarious Habitat*) 라는 책 속에서 2차세계대전중 영국에서 수행된 영양학적 연구에 관해서 언급했는데 그 이야기를 여기에서 되풀이하겠다. 영국은 대부분의 식량을 수입에 의존하고 있으므로 전쟁초기 포위당했을 때 국민의 식량을 확보하는 일이 가장 긴급한 과제였다. 이리하여 적당한 영양을 섭취할 수 있는 식사를 확보하는 연구가 계속되었다. 남성과 여성의 양쪽을 실험한 결과 비록 단순하기는 했으나 유효한

식품은 녹색 야채와 빵과 우유였으며, 이것만 있으면 충분
한 활동력을 지탱할 수 있다는 것이 밝혀졌다. 그런데 비
록 食單은 수입식품의 필요량을 대폭 감소시키기는 하지만
이것만으로는 높은 생활수준에 있는 나라에서는 아무리 어
려운 시기에 있어서라도 견뎌 내기에 너무 단조로운 것으로
간주되었기 때문에 결국 이 계획은 채택되지 않았다. 영국
의 과학자 매그너스 파이크(Magnus Pike)는 다음과 같이 말
했다. 『어떤 식사가 완전히 영양학적으로 균형이 잡혔다고
해도 이것이 근로자에게 충분히 매력 있는 것이 아니면
그들은 일하기 필요한 만큼 그것을 먹지 않을 것이다. 만
약 화학자가 이러한 식사에 해를 주지 않고 그 매력을 높
여 준다면 그는 확실히 영양학적인 의미에서 건강에 공헌
하는 것이 된다.』

　오늘날 주부들은 식품에 대해서 버라이어티와 간편함을
원할 뿐 아니라 품질, 모양, 맛, 빛깔, 냄새, 그리고 섬세
한 감촉을 요구하고 있다. 이들 높은 수준은 오직 화학약
품에 의해서만 유지될 수 있다.

　자! 그러면 우리가 애초에 제기했던 문제로 되돌아 가
자. 「우리의 식품에 화학약품을 첨가하는 것은 필요한가?」
그리고 「이들 식품은 안전한가?」 첫째질문에 대해서는
〈네〉인 것이 입증됐다. 사실 현대 주부들의 요구에 부응하
려면 화학약품의 첨가는 필요하다. 둘째질문은 앞으로 다
루게 될 主題이다.

II 장

화학물질은 역시 화학물질이다

> 「어떤 사람에게는 糧食이 된다 할지라도 다른 사람
> 에게는 무서운 毒이 될는지도 모른다.」
>
> (Quod ali cibus est aliis fiat acre veneum.)
>
> 루크레티우스(Lucretius)

화학스프레이(chemical spray)나 식품첨가물 등의 효과가
밝혀지고 일부 화학물질에 대한 有害論이 대두함에 따라
「천연의 것이라면 반드시 좋다.」고 믿는 사람의 수가 점점
증가하고 있다. 그러나 이것이 반드시 옳을까?

첫째, 모든 생물이 화학물질로 구성되어 있다는 사실을
염두에 둔다면 〈天然物〉이라는 것은 상대적인 말에 지나지
않는다. 더우기 실험실에서 합성하는 임의의 화학물질과
식물이나 동물에서 추출한 화학물질은 구별할 수 없다.
예컨대 제약회사에서 만든 비타민 A의 캡슐은 소의 간이
나, 칠리 콘 카네*(chili con carne), 당근, 보스튼 브
라운 브레드(Boston brown bread) 또는 살구 등을 먹었을
때 흡수되는 것과 같은 양의 비타민 A와 꼭같은 生理的
效果를 지니고 있다.

화학자들은 天然食品을 광범위하게 화학성분으로 분석
하고 있다. 예컨대 우유는 락토스(lactose), 포스파타제
(phosphatase), 락트알부민(lactalbumin), 폴산(folic acid),

---

* 역자주 : 고기를 고추와 함께 전 멕시코요리.

니코틴산(nicotinic acid), 그밖에 적어도 95종의 화학물질로 구성돼 있다. 또한 양파를 벗기는 동안 주부들에게 심한 눈물을 흘리게 하는 것은 프로피온알데히드(propion-aldehyde), 메틸 알코올(methyl alcohol), 프로필 메르캅탄(propyl mercaptan), 황화수소, 아세트알데히드(acetaldehy-de), 2산화황, 디프로필 디썰파이드(dipropyl disulfide) 및 프로필 알코올(propyl alcohol) 등으로 구성돼 있다.

〔표 2〕 코피향의 화학성분

아세트알데히드	고급 지방산
아세트산(식초산)	황화수소
아세톤	히드로퀴논
아세틸 메틸 카르비놀	이소발레르산
아세틸 프로피오닐	m-발레르산
암모니아	메틸 알코올
크레졸	메틸 아민
디아세틸	메틸 에틸 아세트알데히드
디에틸 케톤	메틸 에틸 아세트산
디메틸 썰파이드	메틸 메르캅탄
2,3-디옥시아세토페논	n-헵타코산
에스테르	N-메틸피롤
에틸 알코올	p-비닐 구아이아콜
유게놀	페놀
포름산	피라진
푸란	피리딘과 그 동족체
푸르푸랄	피롤
초산푸르푸릴	레소르시놀
푸르프릴 알코올	실베스트린
푸르푸릴 메르캅탄	트리메틸아민
구아이아콜	비닐론

금방 만든 코피의 향기는 약 40종류의 화학성분으로 분석(표 2 참조)되며 연구자들은 아직도 그 성분을 완전히 알지 못하고 있다. 겨자(horseradish)의 매운 맛은 알릴 이소티오시아네이트(allyl isothiocyanate)라는 화학성분에 원인이 있다. 날쇠고기의 색은 血色素의 헤모글로빈과 밀접한

연관이 있는 거대한 단백질분자인 미오글로빈(myoglobin)에서 연유된다. 노랑, 오린지, 橙赤色의 색소는 당근, 토마토, 호박, 바나나의 껍질, 고추, 복숭아, 고구마 등의 선명한 색의 근원이며 또한 오린지, 노랑, 빨강 등의 꽃의 색의 근원이다. 안토시아닌色素(anthocyanin pigments color)는 사탕무우(beet), 붉은 캐비지, 오디(black mulberry), 포도(vinifera grape) 등의 색소이다. 또 녹색의 콩류, 완두콩, 시금치 등의 녹색은 엽록소에서 연유한 것이다. 한편 안토크산틴(anthoxanthin)은 양파껍질, 홍차, 노란 옥수수, 오린지, 레몬, 파슬리(parsley), 그리고 노란 달리아(yellow dahlias) 등의 색소이다. 이러한 예를 들자면 한이 없다.

옛날부터 알려진 것 같이 식품에 함유돼 있는 화학물질이 〈천연〉의 것이라는 것만으로는 그속에 인간에게 해롭거나 有毒한 것도 있을 수 있다는 사실을 배제할 수는 없다. 에컨대 쏘크라테스(Sokrates, B.C. 470 - 399)가 그리스 사회에 미친 영향이 너무 컸기 때문에 〈長老〉(elder)들이 毒植物(hemlock plant) 즉 코늄 마쿨라툼(*Eonium maculatum*)의 추출물로 그를 살해하여 그들에게 유리한 환경을 만들려고 했던 일이 있다. 독식물의 독성은 B.C. 399년까지는 잘 알려져 있었으나 오늘날 그 속에서 코닌(Coniine) 즉 2-프로필 피페리딘(2-propyl piperidine)이 분리되고 그것이 〈活性 즉 致死性의 원인〉임이 알려진 것은 현대에 이르러서이다. 천연의 나무, 그밖의 식물, 곤충, 동물, 물고기 등 많은 것은 우리의 식품자원이 되고 있으나 왜 자연이 끝없는 지혜를 갖고 있으면서도 이들 천연물 속에 인간에게 유독한 화학물질을 함유하게 했는가 불가사의하다. 이런 〈유독한〉 화학물질이 그 식물이나 동물 자체의 전체적인 조직에 있어서 어떠한 生理學的 또는 生化學的인 기능을 지니고 있는가도 아직 자연 속에 깊이 감추어진 하나의 비밀이다.

〔그림 5〕 오린지와 그레이프프루트의 화학분석

이러한 예에서 알 수 있는 것 같이 우리가 〈식품〉이라고 부르고 있는 수많은 식물이나 동물은 생물이며 더우기 화학물질이라는 것은 확실하다. 이것들이 어떻게 모여서 각각 독특한 형태를 만들고 있는가는 아직 밝혀지지 않은 채 남아 있다. 그러나 소의 체내에서 합성되었든, 화학자들에 의해서 합성되었든 락토스(젖당)의 분자식은 $C_{12}H_{22}O_{11}$ 이며, 소르브산(sorbic acid)은 마가목(mountain ash)에서 추출했든, 실험실에서 합성했든 어느것이나 그 분자식이 $C_6H_8O_2$ 이다. 이러한 것은 어떤 화학적인 조작에 의해서도 구별할 수 없다. 즉 이 장의 제목과 마찬가지로 물질이라고 하는 것은 모두 화학물질이다.

한걸음 더 나아가서 이야기를 전개해 보자. 많은 사람들
은 음식물에서 섭취하는 비타민만으로는 불충분하다고 믿

〔표 3〕 비타민의 命名法

일반명	화학명	화학식	천연의 공급원
비타민 A	레티놀, 3.7-디메틸9 (2,6,6, 트리메틸-1-시클로헥센-1-일) -2,4,6,8-노나테트라엔-1-올	$C_{20}H_{30}O$	생선, 간, 달걀, 프로비타민 A(카로텐) 많은 식물에서 발견
바타민 B			
B_1	티아민 히드로클로라이드 3-(4-아미노-2-메틸피리미딜-5-메틸) -4-메틸-5-(히드록시에틸)티아졸륨 클로라이드 히드로클로라이드	$C_{12}H_{17}ClN_4OS \cdot HCl$	돼지고기, 햄, 완두콩, 달걀, 씨리얼
B_2	리보플라빈 7,8-디메틸-10-(디-리보-2,3, 4,5-테트라히드록시펜틸)이소알록사진	$C_{17}H_{20}N_4O_6$	우유, 달걀, 맥아, 효모
B_5	판토텐산 N-(2,4-디히드록시-3,3-디메틸부티릴)알라닌	$C_9H_{17}NO_5$	로열젤리, 간, 쌀, 씨리얼
B_6	피리독신 히드로클로라이드 5-히드록시-6-메틸-3,4-피리딘디메탄올히드로클로라이드	$C_8H_{11}NO_5 \cdot HCl$	효모, 간, 씨리얼
B_{12}	시아노코발라민 5,6-디메틸벤즈이미다졸릴 시아노코발라미드	$C_{63}H_{38}CoN_{14}O_{14}P$	간, 콩팥
비타민 C	아스코르브산	$C_6H_8O_6$	감귤류
비타민 D	칼시페롤	$C_{28}H_{44}O$	생선기름
비타민 E	알파-토코페롤 2,5,7, 8 테트라메틸-2-(4′,2′, 12′-트리메틸트리데실)-6-크로마놀	$C_{24}H_{50}O_2$	상치, 자주개자리

는 나머지 시중에서 파는 비타민劑를 가외로 취하는 것을
당연하게 생각하며 식사에까지 보충하려고 한다. 그러나
비타민류도 역시 화학약품으로서 매우 어려운 이름과 복잡
한 화학식을 가진다. 표3에서 중요한 비타민류의 일반명
과 화학명을 적었다. 이 표에서 비타민류가 화학물질임은
분명하다. 실제로 비타민에는 이처럼 많은 종류가 있기 때
문에 오늘날 8개 중에서 7개가 공업적으로 제조되고 있
다. 그러면 이러한 비타민류가 해롭다고 믿는 사람이 있
을까? 아마 다음의 설명이 교훈적일 것이다.

몇주일을 바다에서 보낸 선원들이 下船하자 부두에서 그
들을 기다리던 사람들은 선원들의 피부가 지독하게 변한
원인이 비타민 A라고는 아무도 상상하지 못했다.

네덜란트 하크(Hague)의 나터르(J.P. Nater)박사의 보고
에 따르면 북대서양의 노웨이 연안에서 고기잡이하던 네덜
란트 트롤러(trawler)선이나비 약 180 cm의 넙치(halibut)를
잡아 올렸다. 이 고기로 요리를 만들어 12명의 선원중 11
명이 먹었다.

그중 한사람은 넙치의 간을 약 3 kg이나 먹었는데 이 속
에는 거의 3,000만단위의 비타민 A가 함유돼 있고 이것
은 2,000개의 비타민 錠劑에 해당한다. 이 고기를 먹은
후 얼마 안있어 11명 전원에게 비타민過多症(hypervitamin-
osis)이 발생해서 피부가 부풀면서 붉어지고 메스꺼움, 구
토, 두통 등이 잇달아 일어났다. 다음날 아침이 되자 피부
가 벗겨지기 시작했다. 이리하여 열흘후 트롤러가 항구에
도착했을 때는 이들 선원들의 피부는 딱지가 벗겨질 정
도였다. 상상해 보라. 비타민 A가 바로 천연의 毒物이었
다.

리언 골드버그(Leon Goldberg)박사는 王立醫科大學*

---

* 란든, 1967

(Royal College of Physicians)에서의 「食品의 改善」이란 강
연을 통해서 癌腫을 일으키는 물질인 3, 4-벤즈퍼렌 (3, 4-
benzpyrene)이 천연식품 속에 함유된 양을 다음과 같이 지
적했다.

	킬로그램당 미크로그램[**](mg/kg)
캐비지	13~25
상치	3~13
시금치	8
부추 (leek)	7
차	4

천연식품이 비록 해로운 것을 함유하고 있더라도 9~14
kg까지 먹지 않는 이상 걱정할 필요가 없다는 계산법은 불
행히도 이들 화합물의 總合效果를 고려하지 않고 있다는
점에서 잘못된 것이다.

이것은 공평한 결말을 가져온다. 즉 소비되는 양이 유독
한가 어떤가 하는 것이 논쟁의 핵심이 되기 때문이다.

이 개념은 처음으로 루크레티우스(Titus Lucretius Carus,
B.C. 96?-55)의 《事物의 本質에 관하여》(On the Nature of Thi
ngs, De Rerum Natura)라는 책에서 제시됐다. 그는 「어떤 사
람에게는 양식이 된다 할지라도 다른 사람에게는 무서
운 독이 될는지도 모른다.」라고 했다. 이것은 오늘날에
도 천연식품이나 식품첨가물을 논할 때의 爭點으로 남아
있다.

천연식품의 화학에 관한 많은 연구에서 쓰기도 발음하기도
매우 어려운 여러가지 이름의 물질들이 발견되고 있다. 그
러나 이미 지적한 것 같이 잠재적으로 유독한 화학물질을

[**] 1,000 micrograms=1 milligram
1,000 micrograms=1 gram
30 grams=1 ounce
1 milligram per kilogram (2.2 pounds)=1 part per million(ppm)
1 drop in 80 fifths of whisky=1 part per million

함유한 많은 천연식품이 발견되었는데 이것들은 불쾌감을 주는 것에서 죽음을 초래하는 것까지 넓은 범위의 원인이 될 수 있다. 이러한 毒物들에는 致死性化合物(lathrogen), 幻覺劑(gossypol), 酵素抑制劑(enzyme inhibitor), 시아노겐 (cyanogen), 血球凝集素(hemaglutinin), 血管收縮劑(vaso-constrictor), 알러겐(allergen), 그리고 發情性화합물까지도 함유되어 있다. 이러한 화학물질이라도 물질에 따라 사람에게 영향을 줄 만한 반응을 일으키려면 하루에 9～14 kg 정도 섭취해야 할만큼 적게 존재하는 것도 있다. 한편 몇 번 입에 넣기만 해도 손상을 입히는 것도 있다.

어떤 화학물질, 예를 들면 리마콩(lima bean)에서 발견되는 시안화합물은 요리할 때 열에 의해서 活性을 잃게 할 수 있다. 또다른 보기로는 성장과정의 어떤 특정한 단계에서만 유독성화학물질이 발견되는 경우도 있다. 예를 들면 未熟한 그레이프프루트*(grapefruit)에는 熟成한 과일에는 발견되지 않는 잠재적인 유독성화학물질이 함유돼 있다. 또다른 보기로는 식물이나 동물조직에서 유독물을 함유한 부분을 제거할 수 있다는 것이다. 즉 햇볕에 쬐인 감자의 경우 껍질이나 싹 속에 함유된 유독물질인 솔라닌(solanine)은 껍질을 벗김으로써 제거할 수 있다.

많은 종류의 생선의 껍질에는 강력한 魚鱗毒(ichthyosar-cotoxin)이 함유돼 있다. 따라서 레스또랑의 요리사들은 손님들이 복어독**(tetradon poisoning)의 위험에 빠지지 않도록 이러한 생선을 요리할 수 있는 면허증을 반드시 소지해야 한다. 이와 마찬가지로 굴(oyster), 무명조개(clam), 또

---

* 역자주 : 미국 캘리포니아에서 산출되는 굴 비슷한 과일.
** 역자주 : 복어에는 테트로도톡신(tetrodotoxin, $C_{11}H_{17}N_3O_8$)이 함유돼 있는데 마비성의 맹독으로서 사람에게 치명량은 0.2 g이다. 이것은 자지복, 검복의 알, 간, 위장 등에 많이 함유돼 있어서 난소성숙기에 가장 독성이 강하다. 복어 한마리의 독성으로 33 명이 죽을 수 있다.

는 섭조개(mussel) 등에는 어떤 조건 아래서 생성되는 마비성 물질을 함유하고 있고 어떤 굴의 抽出物은 쥐에 皮下注射를 하면 치명상을 준다는 것이 알려져 있다.

그러므로 이러한 유독물질에 관한 지식과 오랜 역사에도 불구하고 많은 사람들이 천연식품은 안전하다고 큰 소리로 계속 주장하는 것은 기이한 일이다. 더욱 기이한 것은 일부 대중도 이러한 주장을 그대로 받아들이고 있다는 사실이다.

천연식품에서 발견되는 중요한 유독물질에 관한 다음의 논의에서는 「만약 그것이 천연물이라면 반드시 안전하다.」는 고정관념이 검토될 것이다.

시아노겐

시안화수소(HCN)가 매우 많은 종류의 食用植物 중에 함유돼 있다는 것은 신기한 일이다. 시아노겐이나 시안生成配糖體(cyanogenetic glucoside)는 사람의 腸 속에 들어가면 가수분해되어 시안화합물을 생성하는데 이 시아노겐이나 시안생성배당체는 리마콩이나 고구마, 얌*(yam), 사탕수수, 완두콩류(pea), 버찌, 플럼(plum), 살구 등 여러가지에서 발견된다. 시안화합물을 함유한 화합물들이 이들 식물의 성장이나 物質代謝에서 어떤 역할을 하고 있는가는 지난 수년간 화학자들이 규명하려고 시도했던 의문 중의 하나였다.

대부분의 대학수준 생화학과정에서는 글루코시드(glucoside)에 관해서 강의하며 이런 종류의 화합물의 보기로서 빈번하게 아미그달린**(amygdalin)이 검토되고 있다. 이것

* 역자주 : 마, 美南部 고구마
* 역자주 : 아미그달린은 靑梅의 씨 속에 존재하는 독성배당체인데 효소분해에 의해서 벤즈알데히드, 시안산, 포도당을 생성한다. 이

이 가수분해(글루코시드가 그 성분으로 분해되는)할 때 시안화수소를 유리한다는 것을 기억하는 학생은 드물다. 그리고 한걸음 더 나아가서 시안화물이 인간의 중독과 연관된다는 것에 대해서도 기억하고 있는 사람은 적다. 매우 흥미있는 것은 아미그달린은 애먼드(almond)에서 가장 많이 얻어지는데 이것은 역시 버찌, 플럼, 살구, 사과, 배, 레몬, 그리고 라임*(lime) 등의 과일의 씨에서 상당량이 발견된다.

급성시안중독의 최초의 증상은 손가락 끝과 발가락의 感覺痲痺, 현기증, 머리가 어지러운 증세 등이다. 만약 섭취량이 매우 많으면 이러한 증세에 이어 精神錯亂, 昏睡, 시아노시스(cyanosis), 심한 경련(twitching convulsion)(이런 증상은 중추신경계에 이상이 있음을 가르쳐 준다) 등이 일어나고 결국에는 혼수상태에 빠져 죽게 된다. 이러한 증세는 시안화수소를 체중 1 kg 당 최소 0.5∼3.5 mg(0.5∼3.5 ppm)의 범위로 經口投與했을 때의 致死量에 해당한다. 이것의 치사량은 7 ppm 이상으로 계산된다.

치사량이 아닌 소량의 투여는 간혹 두통, 목이나 가슴을 죄이는 것 같은 느낌, 지각할 수 있는 심장의 고동(心悸亢進, palpitation), 그리고 일반적인 허약증세를 일으킨다. 이러한 증상에서 완전히 회복하는 데는 보통 인체가 이 불쾌한 화학물질을 처리하여 배출시키는 경우이다.

수년에 걸친 산발적인 연구는 만성적인 시아노겐中毒의 가능성을 暗示해 주었다. 나이제리아(Nigeria)의 카사바**(cassava)를 먹는 지방에 관한 최근의 연구는 시아노겐중독이 運動失調症(步行失調, ataxia) 즉 근육운동의 조정을 상실하는 것과 직접 연관돼 있음을 밝혀 주고 있다.

때 생성된 시안산은 혈액의 헤모글로빈과 반응하므로 인체 안에서 산소결핍을 일으켜 죽게 한다.
* 역자주 : 산초과의 작은 나무. 레몬과 비슷하며 청량음료에 쓰인다.
** 역자주 : 南아메리카產으로 赤道아프리카에 많이 난다.

醫學的 臨床報告도 漫性 카사바중독이 弱視(amblyopia)
〔視覺의 部分的 상실과 視野縮少(diminution of vision)〕를
수반한다고 점차 제시하고 있다. 임상적인 증세를 일으키
는 데 필요한 양이 아닌 매우 적은 양의 시아노겐 소비가
전반적인 영양상태의 저하와 어떤 관련이 있음을 보이는
증거가 현재 나타나고 있다.

예컨대 카사바의 급성독성에 관해서 수백년 전에 알려져
있었고 또한 복숭아씨나 쓴 맛의 애먼드(bitter almond)를
섭취함으로써 생기는 급성중독에 관해서 풍부한 기록이 있
다. 이러한 기록과 동물실험의 보고를 연관시키면 시안화
수소의 유리가 중독의 기본적 원인이라는 데는 의심할 여
지가 없다.

어쨌든 카사바는 앞에서 언급한 과일과는 같은 범주에
속하지 않는다. 이러한 과일들은 비록 많은 양을 먹었을지
라도 가장 예민한 사람들에게 있어서조차 앞에서 말한 어
떠한 증상도 일으키는 일이 전혀 없다고 생각된다.

아주 최근에 이르러 흡연, 汚染된 공기, 그리고 식품 소
비에서 시안화수소의 가능한 總合效果가 인간의 전 섭취량
의 문제로서 정량적으로 다루어지게 되었다. 다행히도 인
체는 이러한 부담을 충분히 이길 수 있다는 것을 암시하고
있다.

고이트로겐

음식물 속에 요오드가 결핍되면 甲狀線肥大(hypothyrodis-
m)라는 甲狀線腫의 상태를 초래한다는 것은 잘 알려져 있
으나 캐비지, 콜리플라워, 순무우(turnip), 겨자, 그리고 콜
라드 그린(collard green), 브뤼셀 스프라우트(brussel sprouts)
등을 먹을 때 갑상선종에 민감한 사람들이 갑상선종을 일
으키는 것은 일반적으로 인정된 것이 아니다.

이러한 식물과 양배추(kale), 모란채(브로콜리, broccoli), 루타바가(rutabaga), 球莖양배추(kohlrabi), 무우(radish) 그리고 겨자 등을 포함한 그밖의 十字花科(Cruciferae)식물은 티오글루코시드(티오配糖體, thioglucoside)를 함유하고 있으며 이 티오배당체는 어떤 특정한 조건 아래서 요오드의 흡수를 방해할 수 있다. 몇가지 과학적 보고는 이러한 십자화과 식물의 섭취와 갑상선종 사이에 연관이 있다는 것을 밝히고 있는데 그 원인과 효과의 관계는 아직 입증하지 못하고 있다. 화학물질인 티오시안화물은 특히 콜리플라워에 많이 함유돼 있으나 혈액중의 티오시안화물량이 위험점에 이르려면 이 야채를 매일 10∼11 kg 정도 먹어야 한다. 십자화과의 식물(crucifer)을 대량 동물에게 먹인 실험에서는 甲狀線肥大症을 일으켰으나 이러한 결과를 인간의 질병에까지 확장하는 문제는 4장에서 보게 되는 것 같이 곤란하다.

血管收縮아민

바나나나 여러가지 치즈와 같이 얼핏 보아 해로울 것 같지 않은 식품도 화학분석을 하면 히스타민(histamine)이나 티라민(tyramine) 등의 아민류*를 포함한 신비한 유기화합물이 몇가지 존재한다는 것이 밝혀지고 있다. 이 화합물

────────────

* 아민류는 수소원자 대신에 알킬기나 알릴기가 치환된 암모니아의 유도체로서 질소에 탄소가 직접 결합되어 있다.

암모니아　　　메틸아민　　　　디페닐아민

이 화합물들은 자연계에 널리 분포돼 있으며 단백질 같은 많은 천연물을 분해할 때도 생긴다. 부패한 생선은 트리메틸아민의 독특한 냄새를 낸다. 아미노산은 아미노기(−NH₂)와 카르복시기(−COOH)를 함께 포함하며 단백질을 구성하는 기본단위이나.

들은 혈관을 급속히 수축시키고 혈압을 세차게 상승시키는 작용을 하므로 血管收縮아민(pressor amine)이라 부른다. 까망베르 치즈(camembert cheese) 100 g(0. 25 lb 조금 못되는 양)에서 100~200 mg*의 티라민이 분리된다는 것은 이상한 일이 아니다. 만약 이만한 양의 티라민을 직접 혈관 속에 주사했다면 곧 혈압상승이 일어남을 예상할 수 있다. 그러나 한꺼번에 0. 25 lb(약 114 g)의 까망베르 치즈를 먹어도 이러한 혈압상승은 일어나지 않는다. 이 음식을 섭취하고 이것이 위 속을 통과하여 흡수되는 과정에서 티라민의 작용이 완화돼 버리기 때문이다. 만약 그렇지 않으면 격렬한 생리적 반응을 일으킬 것이다.

지난 수년간 우리는 적어도 한가지 방법에 의해서 이러한 혈관수축아민류가 몸 속에서 解毒되는 것을 알았다. 효소의 일종인 모노아민산화효소(monoamine oxidase, MAO)가 이 물질들을 혈관수축작용이 없는 파라히드록시페닐아세트산(para-hydroxyphenylacetic acid)으로 산화시키기 때문인 것 같다. 그러나 몇가지 보고에 의하면 鎭靜劑를 복용한 사람들이 동시에 오래된 치즈나 맥주 또는 포도주 등 티라민함량이 높은 것을 먹으면 때때로 重症 또는 致命的인 症狀을 일으키는 것이 알려져 있다. 이것은 이러한 종류의 진정제가 MAO효소작용을 억제 또는 방해하여 그 결과 산화되지 않은 혈관수축아민이 혈액의 흐름에 들어가도록 내버려 두기 때문인 것으로 현재 알려져 있다. 이 때문에 오늘날 일반적으로 진정제를 복용하는 사람들은 다량의 치즈나 양조음료를 마시는 것을 제한하도록 권고하고 있다.

---

* 1, 000 μg=1 mg, 454 g=1 lb

고시폴

목화(*Gossypium*)에는 세계 여러 곳에서 재배되고 있는 모든 목화나무가 포함된다. 목화나무에서 섬유를 얻을 수 있을 뿐 아니라 인간이나 동물이 소비하는 다량의 기름과 高蛋白質食糧을 얻을 수 있다. 세계적인 단백질식량의 부족을 보충하기 위해서 새로운 단백질자원을 개발하려는 노력이 증가함에 따라 이러한 有用한 단백질을 풍부하게 함유하고 있는 목화씨를 식량으로서 다량 공급하는 데 관심을 갖게 되었다.

목화씨는 세계 여러 저개발지역에 기름의 원료로 가장 광범위하게 분포되어 있으며 또한 밀가루나 잉카파리나* (Incaparina)같은 高蛋白質이고 값싼 음료로서 이 지역에서는 중요한 영양원이다.

그러나 목화씨에서 만든 것을 먹으면 생물에 장해가 일어난다는 것은 벌써 1세기 전에 보고됐다. 이리하여 아주 최근에 이르러 이 식품의 해로운 작용을 일으키는 성분이 고시폴**(gossypol)이라는 황색색소임이 발견됐다. 계속된 연구로 이 색소는 동물에게 강력한 毒素임이 밝혀졌고 닭

---

* 잉카파리나는 목화씨의 가루나 옥수수를 먹는 모든 지역에서 만들어진다. 이것은 단백질을 25%나 함유하고 있으며 100 g 당 370 cal의 열량을 내며 과떼말라(Guatemala)에서 지역적으로 사용되고 있던 원료에서 빠나마의 중앙아메리카 영양연구소 (Instituto de Nutrición de Centro America y Panama, INCAP)가 발전시킨 것이다. 밀과 이집트콩(chick pea)을 주원료로 한 로비나 (Laubina)도 역시 같은 종류의 고단백질음료이다. 이것은 레바논 (Lebanon)의 베이루트(Beirut)에 있는 어메리컨대학(American University)의 컬럼비어대학(Columbia University) 영양연구소(Institute of Nutrition Research)에서 만든 것이다.

** 고시폴의 화학명은 1, 1′, 6, 6′, 7, 7′-헥사히드록시-5, 5′-디이소프로필 3, 3′-디메틸-(2, 2′-비나프탈렌)-8, 8′-디카르복시알데히드이며 이 $C_{30}H_{30}O_8$의 구조식은 다음과 같다.

에게 무게로 0.4~0.5%의 고시폴을 함유한 목화씨를 먹였더니 달걀의 노른자위의 올리브 그린색이 변색됨이 밝혀졌다. 이러한 결과에서 오늘날에는 인간이 목화씨의 식품을 사용하는 경우 고시폴의 무게가 0.045%를 초과해서는 안되는 것으로 정해지고 있다.

라티로겐

다리의 경련성마비를 라티리즘(Lathyrism)이라 부르는 것은 옛날부터 유독성이 알려져 있던 어떤 콩류의 라틴이름 라티루스(*Lathyrus*)에서 유래한다. 히포크라테스(Hippokrates, B.C. 460 - 377)는 어떤 완두콩의 毒性을 기술하였고 또한 힌두교의 문헌도 그 원인이 완두콩, 콩, 렌즈콩(lentil)과 같은 콩류를 먹는 데 있다고 비록 불충분하게나마 암시하고 있다. 치즈콩 라티루스 사티바(*Lathyrus sativa*), 꼬투리가 평평한 들완두(vetch) 라티루스 키케라(*Lathyrus cicera*) 및 스페인 連理草屬의 식물(Spanish vetchling) *L.* 클리메눔(*L. clymenum*) 세가지는 라티루스類 중에서 가장 널리 食用에 쓰이는 것인데 여기에서 라티로겐(lathyrogen)이 분리될 수 있다.

예컨대 인도에서는 라티리즘은 국가적으로 중요한 공중보건 문제로 되어 있으며 특히 기근이 일어나는 동안 이집트콩으로 만든 음식이 수많은 궁핍한 사람들의 목숨을 오랫동안 구해 주었는데 그 결과 문제가 제기되고 있다. 이집트콩은 유별나게 튼튼한 식물로서 다른 식용농작물이 전멸해 버리는 장기간의 가뭄 속에서도 살아 남는다. 이리하여 이집트콩을 오랫동안 常食하면 근육의 쇠약이나 다리의 경련성마비가 일어나고 극단의 경우에는 죽음을 초래하는 일도 있다.

최근의 의학적 견해에 따르면 라티로겐 즉 베타-N-옥살릴-L-알파$_1$-베타-디아미노프로피온산(beta-N-oxalyl-L-alpha$_1$-beta-diaminopropionic acid)은 일종의 神經毒性아미노산으로서 이집트콩이나 들완두콩에 포함된 이 물질이 라티리즘의 원인이 됨을 시사하고 있다.

그러나 미국이나 서구에서는 식량이 충분하고 또 嗜好의 문제도 있으므로 라티리즘은 볼 수 없으며 이것이 장래에 일어날 것이라는 것도 예상되지 않는다.

血球凝集素

수백년 전부터 지중해 연안 여러나라 사람들 사이에 急性溶血性貧血症(적혈구를 파괴하기 때문에 일어난다)이 존재했다. 이러한 특수한 증상은 사르디니아(Sardinia)에서 현저하게 일어났는데 이 지방에서 유독 파바콩(fava bean, *Vicia faba*)을 먹는 것이 원인이 되고 있다. 그런데 이러한 증상의 보고는 해를 거듭할수록 더 많아지고 있다. 특히 기이한 것은 파바콩이 거의 전세계에서 성장하며 식품으로 사용되고 있다는 것이다.

이러한 용혈성증상은 보통 이 콩을 먹은 다음 8시간 후에 나타나기 시작한다(보고된 범위는 6～25시간). 사실 파바콩의 단백질은 매우 작은 양으로도 이러한 증상을 일으킬 수 있다. 초기증세로는 현기증, 오한, 창백, 구토 등이 있으며 가장 심한 증세가 되면 황달, 血色素尿症*

---

* 血色素尿症은 적혈구의 血球(球體)가 파괴되어 헤모글로빈이 방

(hemoglobinuria)이 현저하게 나타난다. 성인이면 보통 이 틀 정도 앓은 다음에 회복되지만 어린이인 경우에는 100 명중 6~8명이 이 병으로 죽는다.

이러한 파바콩중독효과의 기묘한 地理的 選擇性은 오늘날 유전적 효과에 의한 것으로 생각되고 있다. 즉 보통 적혈구 속에서 발견되며 적혈구의 구조적인 안전성을 유지하는 작용을 하는 6-인산 글루코스 탈수소효소(glucose-6-phosphate dehydrogenase, G6PD)의 결핍으로 말미암아 유전적인 물질대사의 결함이 나타나기 때문이라는 것이 밝혀졌다. 특히 이 G6PD가 부족하거나 없는 사람에게는 때때로 여러가지 화학약품에 의해서 溶血性질병을 일으키기 쉽다. 사실 파바콩이 이러한 화학물질들중 하나를 함유하고 있으나 아직 이 화학물질이 확인되지는 않았다.

버 섯

버섯을 즐기는 사람들은 야생의 버섯을 試食하는 것이 원래 위험하다는 것을 잘 알고 있다. 植物學者들은 독버섯류(amanita)에서 특히 독성이 센 버섯을 25종류 이상 밝히고 있는데 그중에는 죽음의 天使(Death Angel) 즉 아마니타 팔로이데스(*Amanita phalloides*)라는 것도 포함된다.

이 죽음의 천사에 함유된 팔로이딘(palloidine)의 성분은 腎臟, 간장 및 심장근육에 급격한 변질을 일으키는데 죽음이 자비롭게 일어나기 전에 나타나는 증상은 매우 괴이하다.

동물조직의 毒素

동물조직에는 여러가지 유독물질이 존재한다. 생선과 조출되는 결과 오줌이 붉은색 또는 검은색으로 변색되는 병이다.

개類는 정말로 천연유독물질의 寶庫이며 이것들은 단순한 알레르기반응에서 마비, 한걸음 더 나아가 죽음에 이르기까지의 여러가지 형태의 증상을 일으킬 수 있다.

어떤 종류의 복어류(puffer fish)를 먹으면 일어나는 테트라돈중독(tetradon poisoning)은 입술이나 이가 쑤시거나 知覺喪失이 별안간 엄습하고 뒤이어 平衡感覺을 잃고 속이 매스꺼움, 구토, 경련, 마비 등을 일으키는데 때로는 죽게 된다. 복어(balloon fish), 후구(河豚, fugu), 그리고 토드고기(toadfish)를 포함한 복어류는 그 피부에 인간에게 독작용을 일으키는 魚鱗毒이라는 물질이 함유돼 있다.

일본에서는 복어를 맛있는 생선으로 즐기고 있으나 매년 중독으로 사망하는 사람이 많기 때문에 일본요리집에서는 이 복어(후구)를 파는 경우 복어요리의 면허를 가진 요리사를 고용해야 한다.

시구아테라(ciguatera)나 고등어 등에 의한 중독은 이들 생선이 유독한 화학물질을 먹거나 생성시키는 결과 일어난다.

도미, 창꼬치, 패러트고기(parrotfish), 써전고기(surgeonfish) 등등의 생선류는 독소를 함유한 海藻類를 먹으므로 시구아테라중독같은 중독을 일으킬 수 있다. 이들 독소는 열에 의해서 변화되지 않으므로 생선을 요리해도 중독을 피할 수 없다. 이러한 독을 지닌 생선을 먹고 나서 1～4시간쯤 지나면 대부분의 사람들은 지각상실을 일으키고 쑤시는 것 같은 감각이 얼굴에서 입술로 손가락, 발가락으로 번져 간다. 이러한 증세에 이어 보통 속이 메스껍고, 구토, 설사 등이 일어나는데 이러한 반응은 인체가 자극성의 異物化學物質을 배설하기 위한 시도이다. 또한 독소의 농도와 개인의 感受性에 따라서 근육의 마비, 호흡곤란, 경련 등이 일어날 수 있다. 또 어떤 경우에는 죽기까지 한다. 만약 환자가 회복됐다 해도 몇주일 동안 근육의 연약, 얼굴이나 입술이 쓰라시는 아픔이 계속될 수도 있다. 환자에 관한 몇가지 임상기록에 따르면 이들은 찬 것에 닿았을 때 뜨겁게 느끼고 뜨거운 것에 닿았을 때 차게 느끼고 있음이 보고되어 있다.

고등어속 중독을 일으키는 것은 熱帶海域의 어류에 한정돼 있다. 신선한 다랑어, 가다랭이(줄삼치, bonito), 고등어, 날치 등 고등어屬(Scombridae)에 속하는 모든 생선들은 즉시 적당한 冷凍處理를 하지 않으면 박테리아에 의해서 분해된다. 最適條件 아래서 이들 박테리아가 增殖해서 자연히 생성된 아미노산인 히스티딘을 매우 독성이 큰 아민인 사우린(saurine)으로 변형시킨다. 불행히도 이러한 형태의 분해는 정상적인 방법으로는 검출될 수 없으므로 아무 의심도 없이 이러한 생선을 먹어 버릴 가능성이 있다. 이러한 생선에 민감한 사람들은 몸에 크고 붉은 격렬한 옴자국(두드러기)이 생긴다. 이 중독은 쇼크死를 일으키지 않는 한 보통 하루 사이에 완쾌된다. 드문 일이지만 만성인 경우에 나타나는 증상은 앞에서 이미 언급한 시구아테라중독과 꼭 같다.

자연계에 존재하는 有毒物에 관해서 논하는 경우 몇년째인가 세계 곳곳의 바다에서 발생하는 유독한 〈赤潮〉(red tides)의 원인이 되는 디노플라겔레이트 프로토조안(dinoflagellate protozoan) 즉 김노디늄 브레비스(Gymnodinium brevis) 같은 여러가지 종류의 특징있는 海洋無脊椎動物(marine invertebrate)에 관해서 언급하지 않을 수 없다. 고니아울락스 카테넬라(Gonyaulax catenella)를 섭조개가 먹고 또 이것을 사람이 먹는 경우에는 10분 이내에 호흡마비를 일으킬 수 있다.

그런데 말미잘(sea anemone)들에도 열에 의해서 파괴되지 않는 독이 있고 또 아일런드해안에서 볼 수 있는 성게 즉 파라켄트로투스(paracentrotus)나 해삼에는 홀로투린

36

(holothurin)이라는 독소가 함유돼 있다.

많은 새조개, 무명조개, 그리고 굴 중에는 그것들이 믹은 음식물 때문에 유독물의 앞잡이가 될 수 있는 것이 있다. 그것들 자체는 이러한 毒物에 반응하지 않으나 인간이 이러한 조개류를 먹으면 독작용을 나타낸다.

몇가지 포유류, 특히 북극지방에 사는 에스키모개, 강치 (sea lion), 그리고 북극곰 등도 인간에게 중독을 일으키는 경우가 있다. 아이러니클하게 보일는지 모르나 이러한 경우의 중독은 이 동물들의 간장에 비타민 A가 비정상적으로 高濃度로 존재하기 때문이다. 이미 우리가 알고 있는 것 같이 특히 넙치무리와 같은 물고기류의 간장에서도 역시 꼭같은 현상이 일어난다.

아플라톡신

1960년에 영국에서 10만마리의 七面鳥가 원인불명의 병으로 갑자기 죽었다. 죽은 새를 해부했더니 간장에 중요한 병리학적 변화가 일어나고 있었으며 이것은 膽管擴大* (hyperplasia)와 꼭같은 특히 세포의 急性 壞死(necrosis)를 일으키는 증세와 출혈이었다.

이 칠면조의 죽음의 원인이 밝혀지지 않았기 때문에 이 병은 칠면조의 〈X〉병이라 이름지었다. 그후 곧 새끼오리와 병아리들의 떼죽음이 보고됐다. 얼마 안 가서 같은 간장병이 소나 돼지에서도 일어나고 있음이 보고됐다. 그런데 이상하게도 염소는 이 병에 대해서 특이한 저항을 나타내는 것이 밝혀졌다.

다음 5년 사이에 칠면조의 〈X〉병은 그때까지 시작된 일이 없었던 가장 강력한 국제적 연구과제 중의 하나로 등

---

* 하이퍼플라시아는 세포에 非腫瘍性增殖이 일어나서 침범된 기관이 크게 확대되는 병이다.

장했다. 그후 얼마 안가서 이 병에 걸린 모든 동물들은 아스페르길루스 플라부스(*Aspergillus flavus*)라는 곰팡이에 오염된 땅콩이 함유된 사료로 사육되었음이 밝혀졌다. 더군다나 이 곰팡이는 매우 강력한 독소를 만들어 내고 이 독소가 여러가지 가축이나 家禽類, 특히 어린 동물들에게 그 독에 의해서 죽지는 않아도(실험 쥐도 포함해서) 암을 일으켰다.

이 독소는 그 生成源인 A. 플라부스의 어원을 따서 아플라톡신(aflatoxin)이라 표시하게 됐다. 아스페르길루스는 높은 습도에서 잘 성장하므로 이러한 조건에서 이 독소는 저장중 또는 밭에서까지 많은 곡물이나 콩류에 생성되는 것이 발견됐다.

만약 동물실험 데이터를 인간에게도 적용하는 것이 옳다면 이 아플라톡신의 發癌性은 매우 중요한 문제이다. 따라서 연구자들은 실험동물에 이 독소를 포함한 사료를 주어 그 조직 및 副產物을 조사했다. 몇가지 연구로부터 이러한 사료로 사육된 소에서 얻은 우유에는 새끼오리에 중독을 일으키는 화학적 독물이 포함되고 있음이 밝혀졌다. 그러나 최초로 칠면조의 〈X〉병이 나타난 후 몇년이 지났으나 인간에게도 같은 병이 발생했다는 증거는 없다.

麥角中毒

〈聖안토니의 불〉(St. Anthony's fire)이라 불리우는 麥角中毒(ergotism)은 다른 穀物과 마찬가지로 호밀에 성장하는 곰팡이 클라비켑스 푸르푸레아(*Claviceps purpurea*) 때문에 일어난다. 곡물에 성장하는 이 곰팡이는 화학적인 麥角(맥각이라 불리우는 化合物)을 생성하는데 이 맥각의 기본작용은 리세르그산(lysergic acid)을 기본핵으로 한 여러가지 알칼로이드(alkaloid)에 있다. 만약 LSD 가리세르그산 디에틸아미드(lysergic acid diethylamide)라는 것을 상기한다면 1951년 8월 12일부터 20일에 걸쳐 맥각 중독에 걸린 프랑스의 뽕 쌩 메스프리(Pont Saint Esprit)의 300명 주민들이 경험한 증세가 어떤 것이었는지 상상할 수 있을 것이다. 그들중 몇사람은 하늘로 날 수 있다고 생각한 나머지 지붕 꼭대기에 올라가서 실제로 날다가 죽은 사람도 있다. 3명이 죽고 50명은 이 약품에 의해서 야기된 幻覺作用의 결과로 發狂狀態에 빠졌다. 그밖의 사람들은 격렬한 악몽의 고비를 넘긴 다음 회복되었다.

麥角의 알칼로이드 중의 하나인 에르고타민(ergotamine)은 출혈, 특히 出産 후의 출혈을 멈추게 하는 데 옛부터 사용돼 왔으며 또한 근육을 심하게 수축하는 작용이 있음이 잘 알려져 있었기 때문에 流産*을 일으키는 데도 사용돼 왔다. 그런데 맥각(clavicep)을 함유한 귀리나 밀가루로 빵을 만들어 구울 때 오븐의 열에 의해서 에르고타민이 $C_{15}H_{15}N_2CON(C_2H_5)_2$라는 화학식을 가진 LSD로 변한다. 맥각중독은 중부유럽에서 매우 혼히 볼 수 있는 병 중의 하나인데 오늘날에는 희귀한 병이 되고 있다.** 그러나 훈련되지 않은 눈으로 곡물에서 자라고 있는 곰팡이를 찾아내지 못한다면 오염된 한 포대의 밀가루가 슬며시 섞여 들어갈 수도 있다.

살모넬라中毒

곡물이나 콩류의 곰팡이 오염과 더불어 식품가공 중의 박

---

* 에르고타민은 매우 강력한 약이다. 따라서 이 약을 의사의 지시에 따라 적당량 취하지 않는 경우에는 갑자기 심한 증세에 의해서 죽음을 초래한다.

** 곡물에서 맥각을 제거하는 방법이 개발된 미국에서는 맥각중독은 전혀 알려져 있지 않다. 더우기 우리는 농업식량의약국의 검사관, 제분공장 감시원, 곡물창고 감시원 등의 끊임없는 경계에 의해서 보호되고 있다.

테리아오염도 제기된다. 살모넬라중독(salmonellosis)과 보툴리누스중독(botulism)은 위생에 대한 부주의와 기술적인 未熟에 의해서 일어나는데 그 결과 커다란 장해를 일으킨다. 이 중에서 살모넬라중독은 매우 광범위하게 발생하며 한편 보툴리누스중독은 더 치명적이다.

살모넬라감염이 증가하는 가장 중요한 요인은 아마도 인구의 증가와 사람들이 부엌에서 되도록 짧은 시간을 보내려는 욕망 때문일 것이다. 이러한 요구에 부응해서 만들어진 加工食品은 국내적으로뿐만 아니라 국제적으로도 혼히 보급되며 따라서 위생상의 잘못과 실수 또는 부주의로 인해서 살모넬라중독이 加工工場과는 매우 떨어진 지역의 많은 사람들에게 피해를 줄 가능성이 있다. 더우기 그릇속의 상태가 박테리아의 생존과 증식에 이상적이면 그 식품이 出荷되고 훨씬 지나서 感染이나 질병이 일어날 수 있다. 그러므로 지리적으로 떨어져 있으면서도 살모넬라중독이 실제로 하나의 공통적인 원인에 의해서 생긴다는 것은 이상할 것이 없다.

살모넬라균의 형태는 1,300 이상 알려져 있는데 이것을 크게 세 종류로 나눌 수 있다. 그중 한가지는 엄밀하게 인간에게만 감염되고, 또하나는 여러가지 동물에 감염되며, 다른 하나는 인간이나 동물에게 똑같이 쉽게 감염된다. 여기에서 논의하는 목적으로 미루어 우리는 첫번째와 세번째에만 국한해서 다루겠다.

살모넬라균 중에서 엄밀하게 인간에게만 감염되는 것으로는 S. 티피(S. typhi)와 S. 파라티피(S. paratyphi) A 및 C 가 있는데 이것이 原型이다. S. 티피는 장티푸스와 관계 있으며 처음에는 水因性感染(water-born infection)이지만 역시 오염된 식품에 의해서도 전염될 수 있다. 1964년 여름 스코틀런드의 글라스고우(Glasgow)에서 유행한 경우를 지적하면 아르헨띠나(Argentina)에서 수입한 오염된 소금절인 쇠고기통조림(canned corned beef) 때문에 일어났다.

이러한 보기는 하나의 전형적인 경우로서 가열해서 가공한 쇠고기 2.3kg이 든 깡통을 냉각시키기 위해서 직접 물속에 넣었기 때문에 일어난 것이다. 가공할 때의 열이 깡통의 이은 곳을 팽창시켜 여기에서 소독되지 않은 찬 물이 쇠고기 속에 스며 들어갔다. 불행히도 이 물은 근처를 흐르는 개천에서 끌어들인 것으로서 티푸스균 즉 살모넬라 티피*(Salmonella typhi)를 포함한 똥에 의해서 오염되어 있었다.

글라스고우시장에서 깡통은 개봉되고 소금절인 쇠고기의 일부가 팔렸다. 그 결과 얇게 써는 기계(slicing machine)가 오염되고 그밖의 다른 고기류에도 박테리아가 오염되었다.

장티푸스는 일반적인 급성전염병으로서 처음 증상은 惡寒, 때로는 104~105°F(40~42°C) 정도의 발열, 불쾌감, 두통 등이다. 이러한 증상에 뒤이어 가슴, 배에 불연속적인 둥근 장미색 斑點이 나타나며 이 반점의 색은 누르면 없어진다. 이러한 증상이 대략 2주 동안 계속되고 치료하지 않은 경우는 倂發症으로 20~30%가 죽는다.

살모넬라중독 즉 살모넬라성 胃腸炎은 오직 肛門에서 입으로의 경로에 따라 전염되기 때문에 매우 광범위하게 퍼지기 쉽다는 데 문제가 있다. 즉 사람 또는 동물의 腸 속에 존재하는 해로운 박테리아가 똥 속에 배설된다, 따라서 감염은 이 똥을 섭취하는 경로를 반드시 밟아야 한다. 그러므로 식품처리공장, 빵집, 식당 등의 비위생적인 식품취급자가 박테리아의 식품침입의 중요한 원인이 되고 있다. 이러한 이유 때문에 聯邦食品檢査官(federal food inspector)은 그들이 방문하는 여러 공장의 위생설비와 그곳 노동자들이 지켜야 할 위생기준에 특별한 주의를 기

---

* 물의 흐름이 똥에 오염된 것은 美學的으로 불쾌하지만 질병을 유발할 수 있는 미생물이 없는 똥은 건강에 장애가 되지 않는다.

울이게 된다.

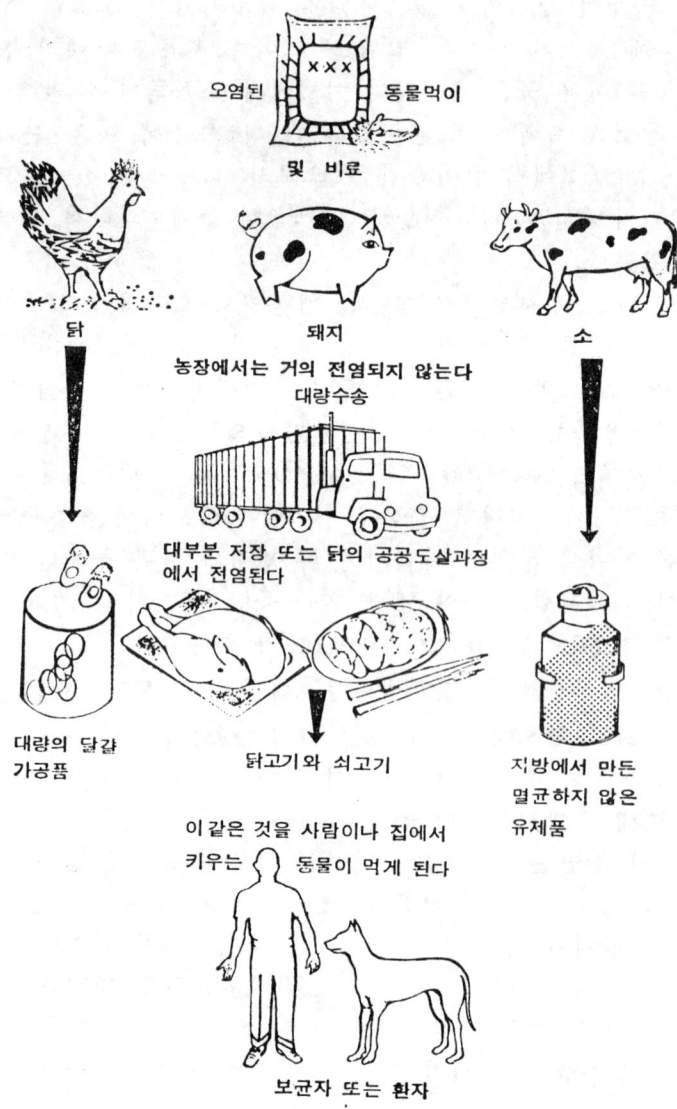

오염된 동물먹이 및 비료

닭   돼지   소

농장에서는 거의 전염되지 않는다
대량수송

대부분 저장 또는 닭의 공공도살과정
에서 전염된다

대량의 달걀   닭고기와 쇠고기   지방에서 만든
가공품   멸균하지 않은
                                       유제품

이 같은 것을 사람이나 집에서
키우는 동물이 먹게 된다

보균자 또는 환자

〔그림 6〕 살모넬라균의 감염경로

42

동물들 중 살모넬라균을 가장 많이 보유하는 것은 가정에서 기르는 닭일 것이다. 그러므로 식품 중에서 가장 빈번하게 위장염을 일으키는 것은 닭고기와 닭고기제품이다. 그림 6은 현재 밝혀진 살모넬라균의 감염경로를 나타낸 것이다.

살모넬라중독의 증상은 이것이 함유한 식품을 섭취해서 보통 24~48시간 후에 나타나는데 대부분 살모넬라 티피무리움(S. typhimurium)이다. 그 증상은 설사, 격렬한 腹痛, 구토 등으로서 박테리아에 의해서 유독성단백질이 생성되는 데 원인이 있으며 또한 인체가 이러한 異物質을 배출하려고 하는 작용 때문이다. 살모넬라중독의 격렬한 증상은 특정 연령층에 특히 세게 나타난다. 만약 설사와 그 결과 일어나는 脫水症이 너무 격렬하면 특히 노인이나 幼兒의 경우는 죽게 된다.

문제는 다음에 지적하는 세가지 유행의 예에서 알 수 있는 것 같이 살모넬라균은 냄새나 맛으로는 그 존재를 알 수 없다는 데 있다.

앞에서 언급한 증상이 잘 알려지게 된 것은 1967년 4월 뉴욕(New York) 시내에서 약 1,800명이 디저트로 模造아이스크림을 먹은 결과였다. 이 아이스크림에 소독하지 않은 달걀 노른자위가 포함돼 있었고 아이스크림 제조과정 중에 가열되지 않았다.

1966년 7월 와싱튼(Washington)주 스포케인(Spokane)에서 통채로 구운 닭고기를 먹은 107명이 이 병에 걸렸고 2명이 사망했다.

또한 1970년 6월 토요일에 싸우드 캐럴라이너(South Carolina)주 컬럼비어(Columbia)에서 바베큐(barbecue)에 참가했던 700명이 살모넬라성 위장염에 걸렸다. 환자의 대변에서 박테리아가 검출됐으나 바베큐에서 먹은 많은 음식물중 어느것이 원인이었는지는 알지 못했다. 때때로 병의 발생에 대해서 원인을 추적하는 것이 어렵다는 점에 문제가 있는 것이다.

공중보건당국자들은 살모넬라중독이 법적으로 보고돼야 되는 질병이 아니기 때문에 발생범위를 충분히 알 수 없다고 믿고 있다. 그러나 여기에 감염된 사람은 미국에서만도 매년 200만명이라는 많은 수자에 이르고 있다고 추정된다.

최근에 특이한 증상이 저자의 주목을 끌었다. 유아가 살모넬라중독에 걸려서 입원했으나 다행히 회복될 수 있었다. 이 어린이가 집으로 돌아온 며칠후 조지어(Georgia)주 어틀랜터(Atlanta)의 국립위생쎈터(National Center for Disease Control) 전염병조사과의 세사람이 이 어린이가 어떻게 이 병에 걸렸는가를 조사하기 위해서 파견되었다.

그 집의 부엌, 그리고 주전자, 남비, 접시 등의 상태를 세밀히 검사한 결과 그들은 아이 어머니에게 그녀의 부엌이 매우 좋은 상태라고 말했다. 아이 어머니는 그들에게 어린이 음식을 어디서 사왔는가를 말할 수 있었을까? 그녀는 말할 수 있었고 이리하여 그들은 시장을 찾아 갔다. 그들은 쇼핑하는 것을 구경했으며 실은 어린이식품의 선반을 감시하였다. 이윽고 확실히 어머니처럼 보이는 부인이 선반에 다가와서 幼兒食 병의 마개를 돌려 뺀 다음 그 속에 손가락을 살짝 넣어서 음식을 맛보고는 마개를 도로 닫는 것이 아닌가!

검사원들은 몇가지 幼兒食병을 모아서 그 지방의 연구소에 조사하기 위해 갖고 왔다. 그중 몇개에는 움푹 들어간 指紋자국이 그때까지 확실히 남아 있었고 세균학적 검사결과 살모넬라균도 발견됐다. 이 병의 감염경로가 밝혀진 것이다. 참으로 놀랄 일이었다. 손가락에 살모넬라균이 있는 것은 단지 이 손이 대변에 접촉한 결과라는 점을 잠시 생각해 보자. 이 사실은 바로 이 부인네들

44

이 가장 기본적 개인위생이라는 면에서 커다란 잘못을 범하고 있다는 것을 의미한다. 적어도 미국에서 우리는 고도의 학식이 있는 사람들과 접촉하고 있고 만약 텔레비존廣告放送이 어떤 안내자의 역할을 하고 있다면 청결이라는 것은 아마 우리의 標語일 뿐 아니라 거의 우리의 信仰이 되고 있다고까지 생각된다.

이상에서 언급한 사건의 정확성을 입증하려면 단지 어느 수퍼마키트 안을 천천히, 그리고 조심스럽게 걸을 필요가 있다. 독자들은 많은 사람들이 실제로 통로를 따라 걸으면서 먹는 것에 놀랄 것이다.

이러한 사건들은 우리의 행동에 대한 비극적인 註釋이다. 우리는 한편으로는 절대적인 순수성과 안전성을 요구하면서 다른 한편으로는 자기 자신의 가정에서 이러한 과오를 범하고 있다. 이것은 우리의 교육제도에 잘못이 있기 때문인가? 어딘가에 우리의 방향을 상실하고 있기 때문이 아닌가? 그러나 아마도 더 중요한 것은 우리의 價値觀에 잘못이 있다는 것일 것이다.

보툴리누스中毒

지난 수년간 보툴리누스중독의 예는 한 건도 보고되지 않았으나 만약 이것이 발생하면 예측할 수 없는 수 많은 감염자들을 거의 틀림없이 죽게 할 것이다. 인간의 보툴리누스중독이 최초로 확인된 것은 오염된 소시지〔라틴어의 (botulus)는 쏘시지라는 말〕에 관련된 것이었으며 미국에서는 드물게 발생한 예로서 가장 많은 것은 低酸性 통조림식품이 원인이었으나 근래에는 생선 燻製品에 의해서도 일어난다.

보툴리누스중독은 살모넬라중독*과는 전혀 다르다. 보툴

* 프토마인 (ptomaine)중독은 잘못된 命名으로서 오래 전부터 쓰지

리누스균이 생성하는 독소는 매우 강력해서 10만분의 1g 이하로 쥐를 죽일 수 있다. 1 lb가 454 g이므로 이러한 독작용 양은 육안으로 보기에는 어렵다.

클로스트리디움 보툴리눔(*Chlostridium botulinum*)이라는 미생물은 자연계에는 토양과 호수 속에 존재한다. 이것이 식품을 가공할 때 소독이나 洗淨이 불충분한 결과 통조림식품, 병조림식품, 그밖의 포장식품에 들어가게 된다. 이 박테리아는 통조림식품의 산소가 적은 환경을 좋아하므로 다량의 독소를 생성시켜 식품 중에 가득 퍼지게 된다.

보툴리누스중독은 거의 예외없이 古典的인 패턴에 따라서 발생한다. 저산성식품이 가공 중에 불충분하게 가열되고 수개월 동안 저장되었다가 먹기 전에 조금밖에 가열되지 않는 경우에 일어난다. 보고된 중독발생의 절반 이상은 가정에서 통조림한 완두콩, 옥수수, 시금치, 아스파라가스가 원인이 되고 있다. 오염된 식품은 대부분 느낄 수 있을 만큼의 썩은 냄새를 풍기지 않으며 단지 〈째는〉 듯하거나 또는 〈쓴〉 맛을 낸다는 것이 중독자들로부터 때때로 보고되고 있다. 흔히 이 독은 섭취후 12시간 이내에 신경계통에 작용하기 시작한다. 대부분 현기증, 목의 통증, 그리고 시력감퇴, 물건이 2중으로 보이는 것에서 (複視, diplopia) 시작해서 호흡이나 음식을 삼키기 어렵게 된다. 만약 독소의 양이 많으면 言語障害 증상이 나타나고 아주 빠른 시간 안에 解毒劑를 투여하지 않으면 호흡기능이 파괴되어 죽게 된다.

보툴리누스중독은 미국본토에서는 드문 병이지만 얼래스커(Alaska)의 에스키모 사이에는 거의 風土病이 되고 있는데 이것은 그들이 즐기는 몇가지 음식에 원인이 있다. 이

않고 있다. 프토마인은 썩은 냄새를 가진 질소화합물로서 식품중독의 질병에 포함시키지 않는다(질병과 관계없다).

46

경우, 그 식품은 뚜렷한 냄새를 풍기고 있으나 그것이
썩은 냄새인지 아닌지를 결정하는 것은 때때로 인간의 문
화에 달려 있다. 그들이 즐겨 먹는 음식 중의 하나에 연어
알 치즈(salmon egg cheese), 일명 〈악취를 내는 알〉이 있
는데 이것은 연어의 알을 燻煙하여 가루로 만든 다음 나무
통에 넣고 몇주일 동안 발효시킨 것이다. 이것이 진득진
득하게 되지 않거나 또는 들러 붙지 않게 되면 이 〈치즈〉는
먹을 수 있게 되었다고 한다. 다음에 우착(Utjak)이라는 물
개 발로 만든 식품이 있다. 물개의 발을 물개기름을 담
은 드럼통에 넣고 가죽이 떨어질 때까지 내버려 둔다. 이
렇게 되면 먹을 수 있게 되었다고 한다.

이들 食品 또는 다른 에스키모식품의 독작용의 신속성은
최근 얼래스커의 에스키모들에게서 일어난 사건에서도 분명
하다. 이 에스키모들은 1970 년 7 월 3 일 저녁에 물체가
두개로 보인다고 호소했는데 7 월 6 일에는 병원에서 죽었
다. 이 54 세의 희생자와 그의 아내와 아이들은 6 월 2 일
오후에 고래고기와 기름 그리고 가죽을 발효시켜서 만든
미키육(Mikiyuk)을 먹었다. 다음날 이 남자는 물체가 두
개로 보이게 됐고 24 시간 후에 그의 말은 분명치 않았
고 호흡이 곤란하게 됐다. 그래서 그는 7 월 6 일에 입원했
으나 해독제를 투약하기 전에 그날 저녁으로 죽었다.

최근의 보툴리누스중독의 예로는 칼러래도주 칼러래도
스프링즈(Colorado Springs)에서 25 세의 부인의 경우가 있
다. 1970 년 6 월 20 일 이 부인은 집에서 병조림한 고추
(chili pepper)로 고추샌드위치를 만들었다. 불행히도 그녀
는 고추의 독특한 썩은 냄새를 깨닫지 못했다. 이리하여
다음날 아침 이 부인은 시력이 희미해지고 말할 수 없게
됐고 호흡곤란에 빠졌다. 더우기 그녀는 심장結滯(cardiac
arrest)로 괴로와하였으나 인공호흡과 解毒劑로 운좋게도
소생할 수 있었다.

천연식품 속에 존재하는 이러한 毒物의 보기에서 알 수 있는 것 같이 이러한 독물질이 가장 기초적인 가공처리과정에서 나타나며 이것은 식품이 화학첨가물을 함유하고 있지 않다고 해서 반드시 안전하다고 할 수 없음을 단적으로 시사해 주고 있다. 한편 단순히 독물질이 식품 속에 존재한다는 것만이 아니고 그 독물질의 양이 문제되는 것으로서 그 양이 천연식품을 해롭게 할 수 있다는 것을 밝히고 있다. 독자들이 5장에서 알 수 있는 것 같이 꼭같은 사실이 화학첨가물에 관해서도 적용된다.

Ⅲ 장

이름이 의미하는 것

「이름은 물건을 나타낸다.」라는 오랜 格言이 있다.
확실히 이름은 影響力을 지니고 있으니 그 이름에 의
해서 印象이 남겨지고 見解는 형성된다.

타이런 에드워즈(Tyron Edwards)

식품에 관한 모든 문제들중 신문에서 가장 격렬하게 논
의되는 것은 食品添加物이다. 이것은 식품의 제조과정에서
부패를 지연 또는 방지하기 위해서 芳香, 組織을 강화하
거나 또는 영양 상의 품질*을 유지하기 위해 의도적으로
식품에 가하는 화학물질을 말한다. 한편 의도적이 아닌 첨
가물로는 농작물을 가공할 때 농약의 噴霧劑를 충분히 제
거하지 않았기 때문에 남은 잔류물, 또는 완성된 제품을
싸는 포장지, 그밖의 포장용 재료에서 식품 속으로 화학물
질이 들어가는 경우가 있다.

불행히도 화학첨가물에 관해서는 흔히 관대하기보다는
오히려 격렬하게 논의한다. 그러나 이것에 대한 감정적인
공격의 고함소리에도 불구하고 첨가물은 식품제조업자들이
대중을 속이기 위해서 사용하는 치명적인 음모의 일부가

---

* 의도적으로 가하는 화학약품으로는 역시 농축, 軟化, 착색, 漂白,
발효, 투명, 산성, 중화, 건조, 濕潤, 氣泡, 防臭 및 에멀숀화
(乳化) 등의 목적으로 쓰이는 것이 있다.
　여기에서 의도적인 첨가물이라 해도 제조업자가 냄새나 맛을
가장함으로써 소비자를 속이기 위해서 첨가하는 것은 포함시키지
않았다.

아니다. 간단한 사실은 식품가공업자라 해서 특별한 식품 공급처를 가진 것도 아니며 우리 모두와 같이 식품을 먹고 있다.

생산자와 소비자 사이의 거리는 멀고 또 많은 식품은 1 년중 어느 특정한 기간에만 이용된다. 더우기 식품 자체가 화학물질이고 이들 화학물질은 서로 반응할 수 있기 때문에 만약 소비자가 먹을 수 있는 식품그릇(容器)을 그때그때마다 시장의 선반에서 골라잡을 때 해결하지 않으면 안될 많은 문제들이 있기 마련이다.

문제는 소비자가 그릇에 붙은 상표의 섬세한 인쇄를 읽고 그것이 무엇인가를 올바르게 이해하지 못한 채 그 성분이 〈좋다〉, 〈나쁘다〉라고 생각해 버리는 경향에 있다. 소비자는 가끔 단순히 그 약품 이름의 길이라든가, 발음의 어려움에 의해 판단해 버린다. 무엇을 사려고 하는 사람이 성분으로 시클로펜타노퍼히드로페난트렌(cyclopentanoperhydrophenanthrene)이 들어 있다고 써 있는 상표를 보면 그녀는 마치 새빨갛게 달군 부지깽이에 닿은 것처럼 그것을 떨어뜨리지 않을까 나는 의심한다. 그러나 만약 그녀가 이것이 비타민 D에 화학자들이 붙인 이름이라는 것을 알고 있었다면, 아마도 비타민을 포함한 것이라면 무엇이든지 좋다고 생각해서 그것을 두개 살는지도 모른다. 사람들이 말하는 것 같이 「이름이 의미하는 것은 무엇인가?」 아마 많은 것이 있을 것이다. 이렇게 생소한, 그리고 발음하기 어려운 이름들이 소비자들에게 아무런 도움도 주지 못하는 데도 법률에 의해서 식품의 레테르(상표)에 기재하도록 돼 있다. 시장에서 이러한 성분의 목록을 읽는 것으로 몇 시간이고 소비하고 나면 저자는 이것이 꼭 화학교과서를 읽는 것과 같으며 전문적인 화학자의 해설을 듣지 않는 한 이해할 수 없다는 증언을 지지하지 않을 수 없다. 그러나 이러한 발음하기 어려운 화학물질이 본래부터 나쁜 것이라

〔그림 7〕 여러가지 조제식품의 레테르

고 할 수 있을까?

대부분의 購買者들은 화학자가 아니므로 食品醫藥局이나 農務省(Department of Agriculture)과 같은 집행기관이나 생산자들의 평판을 믿어야 한다.

새로운 성분을 포함한 새로운 식품이 끊임없이 시장의 선반 위에 늘고 있으나 많은 비슷한 화학약품이 거듭 사용되고 있다. 예컨대 글루탐산소다(MSG)는 수백가지 식품속에서 발견된다. 이 장에서 시도하는 의도 중에는 이러한 이상한 발음의 수많은 첨가물들과 더 친근해져서 이것들이 두려운 것이 안되도록 하는 점도 있다.

여러번 논쟁이 있은 뒤 미국의회는 결국 다음과 같이 식품첨가물의 정의를 내렸다.

〈食品添加物〉이라는 용어는 어떤 효과 즉 이론적으로 기대되는 효과를 목적으로 직접 또는 간접으로 식품의 성분이 되거나 또는 식품의 성질에 영향을 주기 위해서 의도적으로 가하는 물질을 말한다. 의도적으로 가하는 물질은 생산, 제조, 패킹(packing) 가공처리, 조제, 품질가공, 포장, 수송 및 식품의 저장 등의 목적으로 쓰이는 물질을 포함한다. 또 이러한 목적에 쓰이는 방사선의線源도 포함한다. 만약 이러한 물질이 과학적인 훈련을 받고 그 안전성을 평가할 수 있는 경험을 가진 전문가들 사이에서 과학적 처리과정을 거쳐 적당하다고 밝혀지고(또는 1958년 1월 1일 이전부터 이미 식품에 쓰였던 물질인 경우에는 이러한 과학적 처리과정이거나 또는 식품에 보통 사용된 경험에 비추어) 그것이 목적하는 용도로 사용되는 조건 아래서 안전하다고 일반적으로 인정되지 않으면……

이 정의를 확고하게 명심하고 국립과학아카데미의 國家研究會議의 食品保護委員會가 그 출판물 《食品處理에 있어서 化學添加物의 使用法》*(The Use of Chemical Additives in Food Processing) 속에서 언급하고 있는 식품첨가물의 올바른 사용법에 관해 유의하는 것이 우리의 논의에 아마 도움이 될 것이다. 이들 정의는 法的인 拘束力이 있는 것은 아니나 최고권위의 勸告이다.

(1) 영양상 성질의 유지. 예를 들면 酸化防止劑의 사용
(2) 산화방지제, 살균제, 비활성가스, 고기류의 保存劑 등의 사용을 통해 食品廢棄物을 감소시키면서 품질을 보존하고 안전성을 증진시키는 것
(3) 식품의 매력을 증진시키는 것. 착색제, 조미료, 에멀순화제(emulsifier), 안정제, 濃縮劑, 淸澄劑 및 표백제 등의 사용(식품에 관해서 눈에 호소하는 것은 味覺에 호소하는 것과 마찬가지로 식품제조업자의 변덕에 따라 되는 것이 아니다. 그것의 필요성은 모든 영양학자들에 의해서 인정된다. 왜냐하면 단백질, 비타민, 그리고 미네랄(mineral) 등은 식품으로 섭취하지 않으면 도움이 되지 않기 때문이다)

---

* 제1274호, 1965.

(4) 식품가공에 필요한 補助劑(여기에는 산, 알칼리, 완충제, 抑制劑, 그밖의 여러가지 형태의 화학약품이 포함된다).

식품첨가물은 有用하고 실제로 세계의 수백만의 사람들을 먹여 살리기 위해서 필요하다는 사실을 고려하여 UN 食糧農業機構와 世界保健機構(World Health Organization, WHO)는 의도적인 식품첨가물에 관한 일련의 권고를 발표하였다.

그것은 다음과 같다.

(1) 식품첨가물은 실제적으로 효과가 있어야 한다.

(2) 식품첨가물을 사용할 때 안전해야 한다.

(3) 식품첨가물은 효과를 얻기에 필요하다고 규정한 양을 초과해서 사용하지 말아야 한다.

(4) 식품첨가물은 소비자에게 식품의 성질이나 품질을 왜곡시키는 의도로 사용되지 말아야 한다.

(5) 營養價가 없는 식품첨가물은 실제적으로 최소량 사용해야 한다.

또한 UN機構들은 만약 식품에 있어서 화학약품이 다음과 같은 목적으로 쓰인다면 소비자들의 가장 큰 이익이 되지 않는다고 지적하고 있다. 즉

(1) 잘못된 가공이나 취급의 결과를 숨기기 위해서

(2) 고객을 속이기 위해서

(3) 화학약품을 첨가한 결과 식품의 영양가가 근본적으로 감소하는 경우

(4) 화학약품의 효과가 식품제조 가공상 경제적으로 이익을 초래할 수 있는 경우

다음 에는 매우 극단적인 것이지만 오늘날 식품에 쓰이고 있는 식품첨가물의 범위를 보여 준다. 제너럴 푸드(General Food)社의 드림 휩〔Dream Whip, 거품이 이는 크림의 일종(whipped topping mix)〕은 설탕(甘味劑), 수소첨

가식품유(쇼트닝, shortening), BHA 즉 부틸화히드록시아니졸(butylated hydroxyanisole, 酸化防止劑), 프로필렌 글리콜 모노스테아레이트(propylene glycol monostearate, 에멀순화제), 젖당(캐러멜香을 내기 위해서), 나트륨 카제이네이트(sodium caseinate, 接合劑), 고체乳漿(조직을 잘게 하는 것), 규소알루민산나트륨(sodium silico aluminate, 凝結防止劑), 히드록시화된 레시틴(hydroxylated lecithin, 에멀순화제), 인공조미료 및 인공착색제 등 11가지 성분을 포함하고 있다.

또한 제너럴 푸드社의 탱(Tang, 합성분말 오린지 주스)은 아라비아고무(안정제), 인산칼슘(sequestrant, 抑制劑) 그리고 시트르산나트륨(sodium citrate, 酸味劑)를 함유하고 있다.

카네이슌(Carnation)社의 인스탄트 아침식사에는 규소알루민산나트륨(응결방지제), 아스코르브산 나트륨(sodim ascorbate, 보존 및 변색방지제), 암모늄 캐러기넌(ammonium carageenan, 농축 및 안정제), 염기성 탄산구리(營養補助劑), 오르토인산철(ferric orthophosphate, 영양보조제) 및 염산피리독신(pyridoxine hydrochloride, 영양보조제)이 포함돼 있다.

젤로 1-2-3 오린지 플레이버 디저트 믹스(Jello 1-2-3 Orange Flavored Dessert Mix)는 아디프산(adipic acid, 산미제), 지방산의 폴리글리콜 에스터(polyglycol esters of fatty acids, 에멀순화제), 가르고무(guar gum, 농축제), 시트르산나트륨(완충제), BHA(산화방지제) 및 푸마르산(fumaric acid, 산미제)을 함유하고 있다.

만약 이러한 첨가물들을 식품에서 제거하면 단적으로 이들 식품은 존재하지 않게 된다. 모든 냉동 크림 케이크, 에클레어*(eclair) 또는 치즈 케이크 등을 포함한 수

---

*역자주 : 크림을 넣은 손가락 모양의 과자.

백가지 다른 식품들도 마찬가지인데 이러한 식품이 첨가물 없이는 선반에 놓을 수 있는 수명이 상업적인 생산을 하기 에는 너무 한정돼 버린다.

이 장에서 취급하게 될 여러가지 형태의 첨가물 이외에 여러가지 다른 화학물질이 식품가공업자들에 의해서 사용 되고 있다. 어떤 것은 저장 중의 감자의 發芽를 방지 하고 어떤 것은 甘露멜론(honeydew melon)이나 바나나의 成熟을 촉진하고 또 어떤 것은 고기류의 저장작용을 촉진 하고 또 밀가루의 표백이나 老化防止에 쓰인다. 이러한 것 은 더 많이 있다.

다음은 세심한 주의를 가지고 레테르를 보는 사람들이라 면 빈번하게 부닥치게 될 매우 일반적인 범주의 첨가물이 다.

防 腐 劑

방부제란 세균류의 성장을 억제하거나 방지하기 위해서 식품에 첨가하는 화학물질을 말한다. 방부제의 종류는 가 공되는 식품과 그 속에 들어가는 미생물의 종류에 따라서 결정된다. 미생물은 우리와 마찬가지로 대부분이 식품에 대해서 특별한 기호를 갖고 있다.

한두가지 방부제는 인류의 가장 오랜 식품첨가물이었 다. 수천년 전부터 여러가지 다른 종류의 나무를 사용하여 燻煙하는 것은 수많은 화학방부제 구실을 했다. 한편 비교 적 뒤에 와서 헤로도토스(Herodotos, B.C. 484?-425?)가 이 집트인들이 여러가지 생선을 소금으로 보존하여 먹었다고 기록하고 있다.

대부분의 식품들은 곰팡이, 박테리아, 효모 등의 침해를 받기 쉬운 상태에 있다. 이러한 미생물에 감염되는 정도는 식품 속의 수분함량에 의한다. 예컨대 穀物類, 堅果(nuts),

씨앗 등은 수분이 매우 적으므로 방부제를 필요로 하지 않는다. 이것들은 너무 건조해서 어떤 종류의 세균류도 성장할 수 없으므로 오염되는 일 없이 몇년이라도 저장할 수 있다.

根菜類, 감자류, 밀가루, 건조과일, 사과, 脂肪類 및 버터 ─ 씨앗처럼 수분함량이 적지는 않으나 ─ 등도 한두달 또는 석달 정도 보관할 수 있을 것이다. 한편 수분함량이 높기 때문에 저온을 이용하거나 또는 화학약품의 도움을 받지 않으면 전혀 보존할 수 없는 여러가지 식품이 있다. 여기에서 화학방부제를 간단히 정의하면 그것은 부패를 방지하기 위해서 가하는 어떤 물질을 뜻한다. 이것에는 설탕도 포함되는데 젤리, 잼에 高濃度로 함유된 설탕은 대부분의 박테리아가 수분을 이용할 수 없도록 작용한다.

빵이나 과자를 구울 때 열은 밀가루와 그밖의 성분 중에 존재하는 미생물을 파괴하지만 구워서 만든 제품은 이것을 포장하기 전후에 공기 중에 있는 미생물에 노출당하게 된다. 말하자면 포장이 밀폐를 의미하는 것은 아니다. 방부제는 곰팡이의 급속한 증식을 저지한다. 구운 과자의 레테르에 가장 흔하게 기재돼 있는 화학방부제로는 칼슘과 나트륨의 프로피온산염(propionate)이 있다. 프로피온산칼슘은 흔히 빵제품에 함유되는 칼슘의 함유량을 증가시키고 또 酵母에 의해서 생성되는 가스가 감소되는 것을 막기 위해서 쓰인다. 프로피온산나트륨과 프로피온산칼륨은 화학적으로 발효시키는 케이크 등에 가장 널리 쓰인다.

초산나트륨과 젖산은 또한 빵이 〈끈적끈적해지는 것〉을 막기 위해서 쓰인다. 이 실모양의 粘性현상(rope)은 덥고 습기가 많은 기후에서 일어나는 박테리아 오염현상의 일종이다. 이러한 현상은 지나치게 숙성한 파인애플이나 딸기 등의 변질된 냄새, 빵 표면이나 빵 부스러기의 변색, 밀가루반죽이 끈끈하게 되는 것으로 알 수 있다. 끈끈하게 만

[그림 8] 빵에 생긴 곰팡이

드는 박테리아는 흙이나 먼지 속에서 발견되며 밀가루반죽
을 쉽게 끈끈하게 만든다.

소르브산과 이것의 나트륨염 또는 칼륨염*은 빵(그림 8과
9), 치즈, 시럽, 파이속(pie filling), 잼, 마요내즈, 果汁,
그밖의 여러가지 식품에 곰팡이가 성장하는 것을 방지하고
막기 위해서 광범위하게 쓰이고 있다. 또한 여러가지 절임
제품에 효모가 성장하는 것을 막기 위해서 쓰인다. 이러한
방부제를 함유한 몇가지 대표적인 市販食品으로는 A&P社
의 멜-오-비트 殺菌삐멘또 치즈(Mel-O-Bit Pimento Cheese,
소르브산), 같은 A&P社의 냉동 크림 치즈 케이크(Frozen
Cream Cheese Cake)와 쎄이러 리(Sara Lee)社의 냉동 블루
베리 크림 치즈 케이크(Frozen Blueberry Cream Cheese Cake)
및 A&P社의 초콜릿 퍼지 프로스팅 믹스(Chocolate Fudge
Frosting Mix, 소르브산칼륨), 밀리아니(Miliani)社의 低칼
로리 프렌취 레이디 드레싱(French Lady Dressing 소르브
산) 등이 있다. 또 다이-어트(Di-Et)社의 人造滅菌치즈 스
프레드(Imitation Pasteurized Process Cheese Spread)도 아늘
드(Arnold)社의 더취 보이 샌드위취 번(Dutch Boy Sandwich
Bun)과 마찬가지로 방부제로서 프로피온산나트륨을 쓰고
있다.

---

* 이것들은 흔히 〈소르베이트〉라고도 불리우며 에멀슌化劑로 쓰이
  는 폴리소르베이트 60 및 80과 혼동하면 안된다.

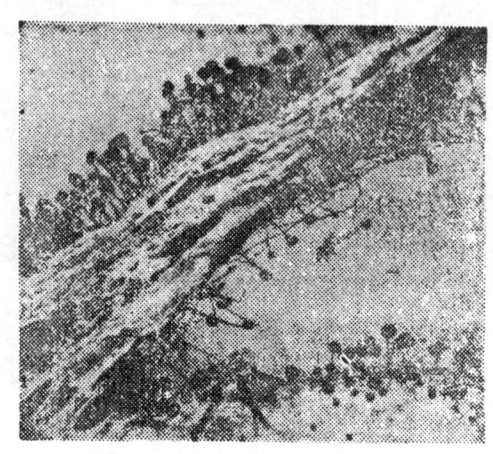

〔그림 9〕 확대해 본 빵곰팡이

식품이나 飮料에 첨가되는 방부제로서 가장 오래 된 것은
벤조산과 그 나트륨화합물인 벤조산나트륨(sodium benzoate)
이다. 탄산음료, 오린지음료, 사과사이더 또는 과일칵테
일(fruit cocktail) 등에 「방부제로 0.1%의 벤조산나트륨
을 함유」라고 써 있지 않은 레테르를 찾아 보기 어렵다.
이러한 제품들은 대부분 일반적으로 강한 酸性을 지니고
있으며 이러한 조건에서는 벤조산염이 가장 효과적인 방부
제이다. 마라시노 체리(Maraschino cherries)도 역시 보통
벤조산나트륨을 함유하고 있으며 마가린 및 새로운 많
은 低칼로리식품 즉 저칼로리 인조마요내즈 마요네트
(Mayonette) 등에도 쓰이고 있다. 또한 베아르내즈(béar-
naise)나 네덜란트 쏘스 등도 혼히 벤조산염의 화합물을 함
유하고 있다.

또하나 특별히 흥미있는 화학약품으로 화학자들에게 킬
레이트劑(chelating agent, 金屬制止劑, 그리스어로 chelae:
갈구리)로 알려진 것이 있는데 이것이 첨가제로서 쓰이는
것은 특수한 식품이며 그 농도나 그밖의 다른 화학물질의
존재에 따라서 여러가지 사용법이 있다. 이러한 화학약품
중의 하나는 칼슘 2 나트륨 EDTA(calcium disodium EDTA)

가 있다. EDTA 는 4초산에틸렌디아민(ethylenediamine tetraacetic acid) 의 약자이다. 이것은 보니크(Bonique)社의 레드 와인 비니거(Red Wine Vinegar)같은 쎌러드 드레싱(salad dressing), 또는 앞에서 언급한 저칼로리 인조마요네즈 마요네트 같은 오일 드레싱의 첨가물 중의 하나이다. 베스트 푸드(Best Food)社에서는 패닝 브레드(Fanning's Bread)나 버터 피클(Butter Pickle)에 방부제와 調味料의 두가지 용도로 쓰고 있다(킬레이트제에 관한 자세한 설명은 p.99 참조).

2산화황은 수세기에 걸쳐 식품의 방부제로 쓰여져 왔다. 2산화황은 흔히 아황산염 즉 아황산나트륨, 아황산칼륨, 아황산수소나트륨 및 그밖의 아황산염과 관련해서 연구되었다. 이것들은 모두 산성이 센 제품에 효과적으로 작용한다. 예컨대 15 g의 아황산수소나트륨은 레알레몬(Realemon)社의 레몬주스의 방부에 도움이 된다. 일반적으로 아황산염은 건조한 鹽類와 마찬가지로 섭게 물에 녹아서 아황산을 생성한다. 이러한 이유로 키블러(Keebler)社의 휘트 토스트 크래커(Wheat Toast Cracker), 프렌취(French)사의 인스턴트 매쉬드 포테이토(Instant Mashed Potato), 그리고 여러가지 종류의 쿠키에 방부제로서 쓰인다.

冷凍法의 보급이나 脫水食品의 발달에 따라 화학적 방부제는 점점 필요없게 됐다.

甘 味 料

옛날 인간이 꿀을 즐긴 이래 사람들은 단 맛이 나는 식품을 좋아하게 됐다. 19세기 말엽까지 단 맛에 대한 욕망은 설탕에 의해서 1차적으로 충족됐다. 수백종류가 넘는 물질이 화학적으로 〈糖類〉로 분류되고 있으나 흔히 설탕

(sugar)이라고 불리는 것은 오직 한가지만이 사용되고 있다. 이것이 사탕수수나 사탕무우의 結晶에서 얻은 天然甘味料 즉 설탕($C_{12}H_{22}O_{11}$)이다[설탕(sucrose)은 또한 단풍시럽(maple syrup)의 감미성분이기도 하다]. 화학자에게는 설탕은 二糖類*이며 결국 탄수화물인 것이다.

설탕의 화학적·물리적 성질들은 감미료로서 세계적으로 가장 광범위하게 쓰이게 하며 또한 식품제조에 있어서도 가장 多才多能한 성분들 중의 하나가 되고 있다. 그것은 여러가지 음료의 母體가 되며 단백질의 펩티드화를 통해서 빵류를 연하게 하고 캐러멜화** 했을 때의 着色, 그리고 충분한 양을 가하면 효과적인 방부제가 되기도 한다. 그러므로 식품공업에서는 빵제품, 穀類, 과자, 아이스크림과 乳製品, 飮料, 잼, 젤리, 冷凍食品 및 통조림식품, 그밖의 많은 제품에 매년 700만톤의 설탕을 사용하고 있다. 農務省에 의하면 미국의 1인당 연간 설탕 소비량은 계속해서 약 4.4kg을 유지하고 있다. 그러나 의외라고 생각될지 모르나 미국인들이 가장 많이 소비하는 것은 결코 아니다. 표 4에 세계 11개국의 평균 연간 설탕소비량을 비교했다.

精製된 설탕은 순수한 탄수화물로서 지방이나 단백질, 비타민을 함유하지 않기 때문에 모든 탄수화물의 열량값은 1 g당 4 cal, 온스당 120 cal, 파운드당 1920 cal 의 열량을 낸다. 차숟갈 하나 또는 각설탕 한개는 18 cal 가 된다. 따라서 홍차나 코피에 각설탕 두개를 넣어 하루에 여섯잔씩 마시는 사람은 설탕만으로도 매일 216 cal 를 섭취하는

---

* 설탕분자는 단당류인 포도당과 과당이 각각 1분자씩 결합되어 있다.
** 역자주 : 당류를 그대로 가열하면 녹는점 근처에서 우선 녹는데 이때 온도를 더 올리면 갈색물질이 생긴다. 이러한 현상을 캐러멜화라 하며 이때 생긴 물질을 캐러멜이라 한다. 이러한 성질은 식품공업에 널리 이용된다.

[표 4] 1인당 연간 설탕소비량(단위 : kg)

에이레	58.7
오스트리어	54.5
영국	49.9
덴마크	49.9
뉴 질런드	48.6
미국	44.0
뽀르뚜갈	5.4
파키스탄	3.6
콩고	2.7
나이제리아	1.4
세계평균	17.2

셈이 되며 이것은 그 사람이 매일 섭취하는 열량의 10%
에 해당한다.

이러한 사실이 無營養, 즉 더 알맞게 표현해서 無칼로리
의 감미료에 대한 폭발적인 수요를 초래하여 1960년대 초
에 엄청난 소비량의 증가를 나타냈다. 이 경우에 매우 흥
미깊은 것은 일반사람들의 관심이 급속하게 확대된 것이
화학자들로 하여금 적당한 甘味劑를 개발하도록 추진시키
지 않았다는 점이다. 이러한 제품은 이미 만들어져 있었고
단지 기다리고 있었을 뿐이다.

도이칠란트의 유기화학자 콘스탄틴 팔베르크(Constantin
Fahlberg)는 1879년 여름 잔즈 합킨스(Johns Hopkins)대학
에서 연구중 우연하게 최초의 人工無칼로리 甘味劑를 발견
했다. 그는 톨루엔(toluene) 유도체의 산화에 관해서 연구
하다가 이 화합물이 튀겨 손 끝에 묻었다. 실험실에서의
행위로는 용납될 수 없는 일이었지만 그는 손끝을 핥아 보
고는 단 맛이 나는데 깜짝 놀랐다. 세렌딥의 왕자들*(The

* 옥스퍼드의 귀족(Fourth Earl) 호레이스(Horace) 또는 호레이쇼
왈폴(Horatio Walpole)은 그가 1754년에 쓴 소설 《쎄렌딥의 세
王子들》(*The Three Princes of Serendip*) 속에서 써렌디피티
(serendipity)라는 용어를 만들어 냈다. 이 소설에서 그는 그들이
찾으려고 생각지 않았는데 뜻밖의 매우 신기한 사건에서 우연히
만났던 세사람의 행복한 모험을 그렸던 것이다.

[그림 10] 「이 설탕 대용품은 맛이 짜다는 것 하나를 빼놓고는 완전하군.」

Princes of Serendip)도 이보다 더 놀라지는 않았을 것이다. 팔베르크는 사카린(saccharin)을 발견했으며 이것은 1900년에 상품화되기 시작했다.

마치 우연한 발견(serendipity)이 화학실험실에 살금살금 접근하는 것을 증명하는 것 같으나 일리노이(Illinois)대학의 대학원생 마이클 스베더(Michael Sveda)는 이로부터 반세기 후에 시클로헥실 술팜산(cyclo-hexyl sulfamic acid)의 단 맛을 우연히 발견했다. 1937년에 스베더는 술파미드(sulfamide)유도체의 박테리아에 대한 抑制作用을 연구하고 있었다. 이 이야기는 하나의 전설이 됐는데 담배를 섭는 습관이 있는 그는 입술에 붙은 담배의 작은 부스러기를 떼어 냈다. 이때 뜻하지 않게 그가 연구하고 있던 화학약품의 단 맛을 맛 보았던 것이다. 그러나 1950년 수카릴(Sucaryl, 칼슘 싸이클러메이트)이 만들어지기까지는 일반에게 쓰이지 않았다.

사카린은 빛깔이 없는 흰색 結晶性 분말로서 물에 약간 녹는다. 이미 오랫동안 안전하게 사용되고 있으나 이것은

〔표 5〕 甘味度의 비교

설탕 또는 설탕생성물	감미도
설 탕	100
과 당	100-175
전 화 당	70-130
포 도 당	70-75
콘 시럽	60
맥 아 당	30
젖당(우유설탕)	15
설 탕	1
싸이클러메이트	30
사 카 린	300-500

식품첨가제로서 인정받지 못하고 있다.

모든 감미료를 비교하면(표 5 참조) 사카린은 설탕보다 300～500배의 단맛을 지니고 있으나 아주 묽게 하지 않으면* 실제로는 쓴 맛이 난다.** 이러한 이유로 사카린은 아주 소량을 사용해야 한다.

가장 광범위하게 사용되는 두가지 無칼로리감미제 중에서 둘째 것은 싸이클러메이트이다. 나트륨이나 칼륨염은 모두 흰색, 결정성, 냄새없는 가루이다. 그러나 칼슘 싸이클러메이트는 나트륨을 함유하지 않은 식품이라는 점에서 사람들이 즐기는 화합물이 되고 있다. 싸이클러메이트는 사카린에 비해 단 맛이 단지 1/10 밖에 안되는 데도 많은 사람들은 불쾌한 뒷맛이 적은 것으로 믿고 있다.

설탕은 인공감미제가 할 수 없는 음료에 농도 또는 〈감칠 맛〉을 주는 능력이 있다. 그러므로 〈심심한〉 맛(watery

---

* 사카린을 완전한 수용성으로 만들기 위해 수산화나트륨으로 처리해서 사카린나트륨으로 만든다.
** 역자주 : 사카린의 묽은 용액은 단맛이 적당하다. 0.5% 이상의 농도에서는 오히려 쓴맛이 난다. 한편 열에 불안정하므로 조리할 때는 마지막에 넣는 것이 좋다.

taste)을 없애기 위해서 飲料類에 합성품으로 만든 母劑 (bodying agent)를 첨가해야 한다. 이러한 이유로 여러가지 고무류 — 불가사리(carrageenan), 아라비아고무, 알긴 (algin) 또는 카르복시메틸 셀룰로스(carboxymethyl cellulose CMC) 등 — 중의 하나가 때때로 음료의 레테르에 적혀 있다.

싸이클러메이트는 이것을 注射한 달걀 속에서 발육한 병아리胚에서 커다란 異常이 나타난 실험이 있기 전까지에는 안전한 것으로 생각되었다. 또다른 실험에서는 싸이클러메이트를 다량 투여한 쥐에 膀胱癌이 발생하였다. 이러한 결과로 1969년 10월 24일에 食品醫藥品局은 싸이클러메이트를 함유한 일반용 식품은 모두 생산을 중지하도록 명령했다. 다시 1970년 1월 1일까지 포장한 믹스 (mix)까지 포함해서 싸이클러메이트제품을 사용한 모든 음료를 시장의 선반에서 없앨 것을 명령했다.

인간의 방광암이 증가하고 있다는 증거는 없고 또한 쥐에 대한 싸이클러메이트의 영향이 인간에게도 관계있다는 증거는 없다 할지라도 FDA는 동물에 유독하다고 판명된 화학약품이 인간에게 사용되어서는 안된다는 딜러니조항(Delaney clause)을 근거로 조처를 취했던 것이다.

1970년 5월 중순경 FDA는 싸이클러메이트는 이전의 생각처럼 그렇게 유독하지 않을지도 모르며 다시 연구해야 할 것이라는 성명을 발표했다.

저칼로리 또는 무칼로리감미제에 대한 요구가 싸이클러메이트 대용품의 연구를 가져왔다. 이리하여 최근 가능성이 있는 것은 안정성시험이 이루어지고 있는 디히드로칼콘 (dihydrochalcone)과 아스파르틸페닐알라닌 메틸 에스터 (aspartylphenylalanine methyl ester) 두가지가 있다.

디히드로칼콘은 오린지, 레몬, 그레이프프루트 속에서 발견되는 플라보노이드(flavonoid) 또는 플라바논 글리코시드(flavanone glycoside)라 불리우는 쓴 맛 나는 물질에서 얻어진다. 최근 農務省의 연구자들은 이러한 플라보노이드를 화학적으로 처리하면 쓴 맛이 단 맛으로 변할 수 있다는 것을 발견했다. 연구자들은 플라보노이드 나랑겐(flavonoid narangen, 그레이프프루트 껍질에서 얻는다), 네오헤스페리딘〔neohesperidin, 쎄빌 오린지(Seville orange) 껍질에서 얻는다〕, 그리고 헤스페리딘배당체〔스위트 오린지(sweet orange) 껍질에서 얻는다〕 등에 관해서 연구했다. 네오헤스페리딘 디히드로칼콘(neohesperidin dihydrochalcone)은 설탕보다 1,500배 더 달고 따라서 사카린보다 5배, 싸이클러메이트보다 50배 더 달다는 것이 보고되고 있다. 나랑겐 디히드로칼콘(narangen dihydrochalcone)은 이만큼 달지 않으나 그래도 설탕보다 100배 더 달다. 安全性評價의 실험이 완료되기까지는 프라보노이드류를 싸이클러메이트의 가능한 대용품으로 생각하는 것은 時期尙早일 것이다. 더우기 그레이프프루트의 껍질에서 만들어지는 제한된 양이 人工甘味劑로서 장래의 요구를 충족시켜 줄는지도 문제이다.

아스파르틸페닐알라닌 메틸 에스터는 한정된 천연자원에 의존하는 것은 아니다. 이 발견도 다른 실험실에서의 〈우연한 사건〉에서 이루어졌다. APME는 아미노산인 페닐알라닌(phenylalanine)과 아스파르트산(aspartic acid)이 결합한 것이며 이것은 많은 식물이나 동물에 자연적으로 존재한다. 이 두가지 아미노산은 모두 그 자체는 단 맛이 없으나 이 두가지 물질이 결합하면 설탕의 100배의 단 맛을 지니며 또한 아무런 뒷맛도 없으며 매우 좋다고 증명된 것으로 보고되고 있다.

調味料(風味强化劑 또는 增强劑)

몇백년에 걸쳐 맛의 비밀은 많은 가정에서 秘法으로 후
세에 전해졌다. 음식물을 독특하고 뛰어나게 하기 위해서
가하는 〈특유한〉 성분은 〈秘傳〉으로서 엄격히 지켜졌다.

예를 들면 찰즈 에드워드 왕자의 리큐르*(Prince Charles
Edward's Liqueur)라 불리우는 드램뷰(Drambuie)의 뒤쪽
레테르에는 다음과 같이 적혀 있다.

드램뷰의 기원은 영국역사에서 가장 낭만적인 에피소드 중의
하나와 직접 연관돼 있다. 1745년 찰즈왕자가 용기를 갖고 스코
틀런드에 갔었으나 그의 先祖의 王位를 다시 손에 넣을 수는 없
었다. 이때 왕자는 자신의 개인적인 리큐르의 비법을 그에 대한 봉
사의 대가로 스카이의 먹키넌(Mackinnon of Skye)에게 선물했
다. 이로부터 이것을 만드는 비법은 먹키넌家에 남게 됐고 그 제
조는 오늘날에 이르기까지 대대로 이 가문에서 계속하고 있다.
드램뷰는 산뜻한 맛의 리큐르이며 향기는 독특하여 꽃다발향기
와 같은 絕妙한 맛은 높이 평가되고 있다.

최근에 이르러서야 화학자들과 생리학자들이 風味를
구성하는 요소와 풍미의 知覺을 이해하기 시작하였다.
예를 들면 오늘날 우리는 마늘의 매우 독특한 맛(또는 냄
새)이 천연에 존재하는 화학물질인 알릴 이소티오시아네이
트(allyl isothiocyanate)에 기인한다는 것을 알고 있다. 비록
역사가들이 우리에게 콘스탄티노플(Constantinople)에서 프
랑스의 十字軍이 원주민들의 〈마늘냄새 나는 숨〉 때문에
몸서리 쳤다고** 말했다고 해도, 또한 터키인들이 마늘을

---

* 역자주 : 향료, 甘味 따위를 넣은 독한 술.
** 역자주 : 마늘 속에는 알리티아민(allythiamine)이 포함돼 있다.

66

즐거했다고 해서 저자는 그들이 이 냄새의 화학명을 알고 있었다고 믿지는 않는다.

15세기 유럽에서는 양념은 단순히 각 식품에 특유한 향기를 주기 위해서 첨가하는 것은 아니었다. 수송이 곤난하고, 냉동수단이 없었으므로 르네쌍스시대에는 대부분의 고기, 생선, 家禽 등은 세게 소금절임하거나 썩혀서 먹었다. 그리므로 양념은 식품을 간단히 먹을 수 있도록 하는 데도 필요했다. 따라서 초기의 양념상인들을 조미료 공업의 선구자라고 일컫는 것도 이때문이다.

더우기 우리가 아직 알지 못하는 것이 많이 있으나 풍미라는 것은 입이나 코의 감각기관(味蕾* 등)에 주어지는 맛, 觸角, 냄새 등의 複合體임이 입증됐다. 또한 우리는 단지 네가지 기초적인 맛 즉 단 맛(甘味), 신 맛(酸味), 짠 맛, (鹹味), 쓴 맛**(苦味)이 있으며 이러한 맛들은 혀의 특별한 영역에서 感知된다는 것을 알고 있다. 즉 혀의 끝은 단 맛에 대해서 가장 민감하며 側面은 신 맛과 짠 맛, 그리고 깊은 곳은 쓴 맛에 대해서 가장 민감하다. 그러나 풍미에는 우리가 오늘날 알고 있는 것 이상이 있음이 명백하다. 만약 그렇지 않다면 애플 파이와 치킨 쎌러드는 별로 차이가 없어야 할 것이다.

식품에 조미료를 첨가하면 그 식품에 거의 존재하지 않거나 또는 전혀 존재하지 않았던 맛을 내게 할 수 있으며 또한 이미 존재하는 맛을 세게 하거나 바꾸거나 또는 없앨 수도 있다. 예를 들면 설탕같은 단일한 물질도 이와같은 것 중의 몇가지를 줄 수 있다. 코피에 가한 설탕은 음료를 달게 조미하고 쓴 맛과 풍미를 바꾼다.

---

* 역자주 : 미뢰는 혀의 粘膜에 골고루 분포돼 있으며 내부의 味覺 신경이 자극됨으로써 맛을 느끼게 된다.
** 역자주 : 그밖의 맛으로는 매운 맛(辛味), 떫은 맛(澁味), 구수한 맛(旨味) 등이 있다.

식품에 쓰이는 조미료 중에서 가장 많은 종류가 있는 것은 精油*(essential oil)이다. 이 〈정유〉라는 이름은 비교적 새로운 것이지만 이것이 쓰인 것은 그렇지 않다. 예수가 처음으로 예루살렘(Jerusalem)에 나타나기 전에 중국에서는 장미의 기름**이 쓰였다. 그런데 화학자들은 실험실에서 다음과 같은 芳香物質(flavor)을 합성하고 있다. 즉 바나나香의 초산아밀, 파인애플향의 카프르산알릴, 감초〔애니스(anise; licorice liquerice)〕향의 아네톨(anethole), 박하향의 카르본(carvone), 桂皮香에는 신남알데히드(cinnamaldehyde), 브란디향에는 에틸 펠라르고네이트(ethyl pelargonate), 나무딸기(raspberry)향에는 알파-이오논, 복숭아향에 페닐에틸 이소발러레이트(phenylethyl isovalerate, 이소발레르산페닐에틸), 바닐라***(vanila)향에는 바닐린(vanillin) 등이 있다.

많은 경우 風味料로는 천연물과 합성품 두가지가 이용되고 있다(표 6과 7 참조). 합성품은 천연제품과 아주 비슷하고 값싸고 품질이 일정하며 1년 내내 이용할 수 있기 때문에 흔히 쓰이고 있다. 또한 천연물은 국가 사이의 정치관계나 한 국가 안의 비상사태로 공급이 예기치 못한 시기에 단절될 가능성이 있다. 더우기 천연제품은 기후나 비료의 영향에 따라서 해에 따라 그 속의 화학성분이 변할 수 있다.

가장 잘 알려졌고 가장 광범위하게 쓰이는 조미료로는 MSG가 있다. MSG는 1867년 도이칠란트의 화학실험실에

---

* 역자주 : 필수지방산(essential fatty acid)은 보통 식물유에 포함된 불포화지방산으로 리놀레산(linoleic acid),리놀렌산(linolenic acid) 아라키돈산(arachidonic acid)의 세가지를 말하는데 이러한 지방산들은 사람이 반드시 음식물에서 섭취해야 한다.

** 화학자들이 일반인들과는 동떨어진 것을 연구하고 있는 것은 어떤 사람들에게는 슬픈 일일지도 모른다. 장미의 독특한 방향의 중요한 성분 중의 하나는 페닐에틸알코올(phenylethylalcohol)로서 오늘날에는 이것을 값싸게 다량 이용할 수 있다.

*** 역자주 : 바닐라는 열대 아메리카산의 덩굴진 난초과의 상록식물.

[표 6] 합성 조미료

화 학 명	풍 미	용 도
아세트아니졸	강함—미미한 乾草 같은 향	갈색 그리고 堅果 맛의 香
아세토페논	매움, 乾草香	과일의 맛
C₉-노닐 알데히드	강한 오린지, 꽃향	감귤류—오린지, 레몬
C₁₁-운데실 알데히드	강한 감귤류, 오린지	오린지, 감귤류
카프르산 알릴	파인애플, 과일	과일, 과실을 넣은 과자(tutti-frutti)
2 황화알릴	강한 마늘	양파, 마늘
알릴 이소티오시아네이트	강한 겨자 기름	합성겨자
프로피온산 아밀	에스터향, 파인애플	과일향, 술
애니스 알코올	복숭아의 甘味	살구, 복숭아향
초산 벤질	합성 재스민	과일향
벤질 이소유게놀	방향	丁香
카프르산 에틸	과일향, 예리한 매운 향	인조 과일(파인애플)
펠라르곤산 에틸	과일, 브란디	알콜 음료
페닐초산 에틸	벌꿀	벌꿀향
에틸바닐린	바닐라	쵸콜릿, 바닐라향
리날룰	꽃향	감귤류, 탄산음료
안트라닐산 메틸	오린지, 橙花油 (neroli)	포도
초산페닐에틸	장미	鵬기향, 캐러멜, 벌꿀
이소발레르산 페닐에틸	과일향	과일(복숭아 등)
로디놀	장미향	동양캔디, 진저 에일
야라야라	아카시아오린지	감귤류, 오린지

C_9의 주석은 원문 참조

서 처음으로 만들어졌으나 1908 년 일본 도꾜(東京)大學의
화학자 이께다 기꾸나에(池田菊苗, 1864 - 1936)가 조미료
로서의 성질을 발견하기까지에는 실제로 쓰이지 않았다.
이께다는 어떤 일본의 海藻가 그것을 가한 식품의 맛에 영
향을 미치는 것을 규명하기 위해서 연구하였다. 그는 이

[표 7] 천연 조미료

이 름	풍미의 화학성분	풍 미	용 도
애니스	아네톨	애니스	감초향
바질	메틸 차비콜, 시네올, 리날룰	약초냄새, 약간 감초	향료, 肉製品
버가모트	리모넨	오린지의 쓴맛	감귤류향, 오린지, 콜라
베툴라	살리실산 메틸	노루발풀 (winter green)	박하류의 향미
캐러왜이	d-카르본	캐러웨이	향료, 빵제품
카더먼	테르피네올, 시네올	향료, 약간의 레몬, 감귤류향	加工肉
게피	신남알데히드	肉桂, 자극성맛	매운 향료, 캔디, 빵제품
쎌러리열매	레모넨, 세데넨	쎌러리, 향료	혼합향료, 탄산음료, 육제품
개꽃		자극성의 방향	리커향료
肉桂	신남알데히드	肉桂(매운, 아린)	향료, 콜라
丁香	유게놀	부드럽고 매운 丁香	향료, 의약품, 육제품
코파이바	카리오필렌	발삼의 쓴맛	의약품
고수풀	d-리날룰	방향	일반향료, 肉類
이논드(dill)	펠란드렌, 카르본	草本性의 쓴맛	피클향료
회향풀속(fennel)	아네톨	애니스	리큐르, 쎌러드 드레씽
그레이프프루트	리모넨	그레이프프루트	시트르類제품 (주스류)
호프	휴물론	지방질의, 푸성귀맛, 기름기	맥주류
서양고추냉이	알릴이소티오시아네이트	맵고 쓰고 배어드는 맛	辛味料
라빈딘	초산리날릴	매운, 라벤더향	이닦는 가루 (Dentrifices), 추잉 검
메이스	d-피넨, 미리스티신, d-캠펜	肉豆蔲, 방향, 소나무	향료
꽃박하	테르피넨	향료, 매운맛	향료

겨자	알릴 이소티오시아네이트	매운, 아린, 자극성향	향료, 쎌러드, 드레씽
육두구	피넨, 미리스틴	매운맛, 육두구	일반향료, 구운 과자류
흰붓꽃뿌리	메닐이오논	오랑캐꽃향	나무딸기 향
패출리		흙같은, 약한 나무향	콜라음료
후추	피페리딘	자극성맛	일반향료, 육제품
로즈머리	피넨, 보르네올, 시네올	약한 약냄새, 나무 냄새	약초혼합물, 위안소제
살비아	투욘	茶같은 향료	고기의 향료
百里香	티몰	약같은, 구운 맛	의약품
일랑일랑	벤질알코올, 리날룰, 크레졸, 메틸 에터	방향성의 약간 오린지향	음료

〈비밀〉성분이 MSG이고 많은 고기, 생선, 닭고기 등 단백질이 많은 모든 식품에 맛을 증가시키는 특별한 능력이 있음을 발견했다. 더우기 MSG는 많은 식품의 맛을 돋구는 능력을 지니고 있으므로 특히 식품 자체의 맛이라고 하는 어떤 다른 것을 첨가하지 않아도 되었다. 이 사실이 風味增加劑와 보통의 조미료를 구별하는 성질이다.

MSG는 아직(4章 참조) 일반적으로 안정한 것으로 인정되고 있다. 그러나 최근에 이르러 몇가지 동물실험이니 〈中華料理症狀群〉의 원인이라고 믿는 등의 결과로 안정성에 대해서 재평가가 이루어지고 있다. 1969년 10월 쎄인트 루이스(St. Louis)에 있는 와싱튼대학 의학부의 잔 W. 올니(John W. Olney)박사가 새끼 쥐에게 MSG를 주사해서 뇌에 장해가 일어난 것을 발표했다. 또한 그는 한마리의 벵갈원숭이에게도 MSG를 주사했더니 같은 장해가 일어난 것을 보고했다. 이 결과 때문에 그는 乳兒食에서 MSG를 제거할 것을 제안했다. 그 이상의 연구는 진행되지 않고 있으나 중요 乳兒食제조업자들은 이러한 제의

에 동의하고 있다.

식품의 풍미를 증가시키는 데는 많은 양의 MSG를 필요로 하지 않으나 아주 미소량으로 같은 효과를 나타내는 다른 화학약품류 즉 增味劑로 알려진 것이 요구되고 있다. 매우 흥미있는 것은 이께다박사의 동료인 고다마 신따로(兒玉新太郎)박사가 이 증미제를 발견했다.

증미제〔화학적으로는 5′-누클레오티드(5 prime nucleotide)라 이름짓는다〕는 고기, 생선, 穀物, 堅果, 과일 등의 풍미를 증가시키는 것으로 알려져 있으며 이들 중에서 오늘날 세가지가 잘 알려진 제품 속에서 발견된다. 예를 들면 이노신산 2 나트륨이나 구아닐산 2 나트륨 같은 것은 충킹(Chung King)社의 닭고기차우 메인처럼 립튼(Lipton)社나 크노르(Knorr)社제의 수프 믹스에 많은 다른 함유물과 함께 들어 있다. 에틸 말톨(ethyl maltol)은 쏘프트 드링크, 잼, 겔라틴(gelatin), 그리고 최근에는 카네이순社, 쎄고(Sego)社, 메트리컬(Metrecal)社 등의 합성 인스탄트 아침식사에 널리 쓰이고 있다.

이러한 세가지 증미제는 FDA에 의해서 식품에 쓰이고 있음이 밝혀졌고 식품첨가제로서 허가되고 있다.

着 色 劑

우리는 처음 어떤 식품을 입에 집어 넣기 전에 우선 무의식적으로 색을 보아 먹어도 좋은지 어떤지를 주의하게 된다. 그리하여 색으로부터 뇌가 순간적으로 「먹어라」 또는 「먹어서는 안돼」라는 신호를 보낸다.

예컨대 제법 많은 양의 藻類의 단백질을 포함한 밀가루로 실험적으로 빵이나 롤을 구워 보면 그 결과 생긴 녹색의 제품은 어디를 가나 거부된다. 녹색빵이라는 것은 빵의 색에 대해서 대부분의 사람들이 지니고 있는 이미지에서 아주 동떨어져 있기 때문이다. 마찬가지로 황색고기나 청색 감자를 먹으려는 사람은 거의 없을 것이다.

착색제는 쏘프트 드링크, 치즈, 버터, 아이스크림, 과자 류, 아침식사용 곡류, 캔디, 쏘시지, 통조림고기, 푸딩 (pudding), 그리고 그밖의 많은 다른 식품들에 첨가된다. 왜냐하면 이들 많은 식품(또는 그 함유물)의 제조과정에서 색이 소비자가 받아들일 수 없을 만큼 변해 버리기 때문 이다. 첨가된 색소는 최종제품의 색을 흔히 있는 빛깔 범 위로 재생시킨다.

한편 착색제는 상했거나 미숙한 제품의 결점을 감추기 위해서 쓰이기도 한다. 예를 들면 오린지는 완전하게 익었 는 데도 아름다운 오린지색이 아닌 경우가 있음은 잘 알려 진 사실이다. 만약 가공업자가 이것을 더 매력적으로 만 들기 위해서 오린지색의 착색제를 첨가했다 해도 이에 반 대하는 사람은 거의 없을 것이다. 그러나 만약 덜 익은 또 는 녹색의 오린지에 오린지색의 색소를 첨가했다면 이때는 강한 반대에 부딪칠 것이다. 나무에 매달린 채 숙성한 오 린지에는 때때로 갈색의 줄무늬가 생기는 것이 밝혀졌으므 로 FDA는 가공업자들이 이것들에 착색하는 것을 허가하 고 있다. 그러나 단지 그것은 오린지가 숙성해 있고 허용 할 만한 품질을 갖고 있을 때에만 한하며 이러한 경우에도 〈着色〉 또는 〈人工着色〉이라는 스탬프를 찍어야만 한다.

가장 중요한 것은 식품에 쓰이는 모든 착색제는 사용하 기 전에 반드시 FAD의 허가를 받아야 한다는 점을 알아 야 하는 일이다. 표시하지 않고 어떤 착색제를 첨가하는 것은 州와 聯邦의 양쪽 법을 위반하는 것이다.

1960년 議會는 합성착색제와 마찬가지로 천연색소도 하 나의 법률로 규제하도록 했다. 그 전에는 합성착색제만이 연방법에 따라서 하나하나의 염료제품에 대해서 사전에 시 험하고 허가를 받도록 돼 있었다.

고기제품, 음료류, 과자류, 빵류 및 향료 등에 널리 쓰이고 있는 진한 진홍색 또는 황적색 염료인 코치닐(cochineal)은 아직 커네어리諸島(Canary Islands)와 남미에서 발견되는 어떤 종류의 선인장에 서식하는 곤충 코쿠스칵티(*Coccus cacti*)에서 얻는다. 그러나 반드시 다음 사실을 인식하고 있지 않으면 안된다. 즉 그 염료가 건조한 곤충의 몸에서 얻어진 것이라 할지라도 그것은 실제로는 抽出된 카르민산(carminic acid)으로서 메틸 테트라-o-메틸카르미네이트(methyl tetra-o-methylcarminate)라는 받아들이기 어려운 전문용어가 그 착색성질의 원인이 되고 있다는 것이다.

심황〔turmeric, *Curcuma longa*, 印度産 새앙과의 식물 커리(curry)가루의 원료〕은 동부 인도산 생강과의 약용식물의 뿌리에서 얻어지는데 오랫동안 향료로서 쓰여졌다. 심황은 또한 진한 황색의 染色性을 가지고 있어서〔사실은 올레오레즌*(oleoresin), 含油樹脂이지만〕 고기제품이나 프랑스식 셀러드 드레싱을 만드는 데 쓰이고 있다.

안나토(annatto)는 오랫동안 버터나 마가린의 황색을 짙게 하는 데 쓰였으며 또한 치즈, 빵, 음료, 아이스크림, 과자, 아침식사용 穀物, 식용유 등에 복숭아 색 내지 노란색을 갖도록 하기 위해 쓰여졌다. 이것은 熱帶性 안나토나무(*Bixaorellana*)의 열매 둘레의 섬유에서 얻어진다. 이것의 착색을 하는 성분은 빅신(bixin)과 노르-빅신(nor-bixin)으로서 이 두가지가 모두 카로테노이드(carotenoid)와 비슷한 화합물질이지만 안나토는 매우 더 안정하며 같은 양의 카로텐(carotene)보다 5배의 着色力을 지니고 있음이 밝혀졌다. 또다른 천연의 黃橙色 염료로는 어메리컨 쌔프런(American saffron) 또는 잇꽃(safflower, *Crocus*

---

* 올레오레즌은 精油와 樹脂로 이루어진 분자배열을 갖는 화학물질에 속한다.

74

sativus)의 건조한 암술머리에서 얻어진다. 이것은 오랫동안 여러가지 육제품의 착색에 쓰여졌다.

젊은 화학도 윌렴 퍼킨(William Perkin, 1838 - 190 ')이 1856년에 처음 합성염료 모브색소*(mauve)를 만들었다. 그밖의 색소도 곧 유럽 각국 실험실에서 합성되었으며 1900년까지는 약 80종의 합성염료가 식품에 쓰이게 되었다. 이것들의 대부분은 衣類에 한해서 쓰일 수 있는 것으로서 식품에는 쓰여서는 안될 것임이 확실하다. 1906년에 이르러 의회는 식품 및 의약품법(food and drug act)을 통과시키고〔흔히 純粹食品法(Pure Food Law)이라 불리운다〕식품에 쓰일 수 있는 일곱종류의 염료만을 허가했다. 최근에는 10종류의 水溶性 합성염료가 식품에 첨가되는 것이 인정되고 있다. 이것들 중에는 두 종류의 청색, 한 종류의 녹색, 세 종류의 적색, 한 종류의 보라색, 두 종류의 황색 등이 있다.

오늘날 식품에 쓰이는 모든 착색제의 약 90%가 합성염료이다. 합성품은 천연품보다 더 진한 색을 띠고 또 더 안정하며 이것들의 제조가 관리될 수 있기 때문에 더 균일하며 더 값싸다. 그러나 천연염료도 허가된 합성염료로서는 발휘할 수 없는 특수한 경우에는 오늘날에도 계속 쓰여지고 있다.

膨脹劑

우리는 모두 이스라엘인들이 이집트에서 탈출한 이야기를 잘 알고 있으며 이때 그들이 탈출을 서둔 나머지 빵을 구울 때 필요한 팽창제를 갖고 나올 수 없었다는 이야기도 알고 있다. 그 결과 그들의 가루반죽은 부풀어 오르지 않

---

* 역자주 : 모브색소는 엷은 보라색의 아닐린염료이다.

75

았고, 따라서 그들이 마초(matzo)라 부르는 〈빵〉은 평
평하고 굳은 것이었다. 그때 이후 유태인들은 그들의 逾越
節休日*(Passover holiday)에는 부풀게 하지 않은 빵만을 먹
고 경축한다.

팽창제는 어떤 화학약품이건 미생물(생물학적 물질)이건
가루반죽에 氣泡를 생성할 수 있다. 빵을 구울 때의 열이
이 기포를 팽창시켜 가루반죽이 팽창하게 된다. 열이 상승
하면 밀가루, 우유, 달걀 등의 단백질이 變性(denaturation)
이라 불리우는 분자구조의 변화를 일으키게 된다. 이때
변성된 단백질이 기포 주위에 견고한 세포를 형성하고 이
때문에 냉각시의 가루반죽의 붕괴를 방지하게 되는 것이
다.

세가지 중요한 팽창제로는 공기, 2산화탄소, 그리고 증
기가 있다. 2산화탄소는 박테리아 또는 효모세포가 증식
하는 결과 또는 베이킹 파우더(baking powder)와 가루반죽
의 수분과의 사이에 화학반응을 일으킴으로써 생성된다.
공기는 달걀 흰자위를 부풀게 할 수 있으며 크림 만드는
것에 의해서 지방과 설탕에 혼합될 수 있다. 물론 수증기
도 가루반죽의 수분이 액체에서 기체로 변하는 점까지 가
열되었을 때 생성된다.

팽창의 화학적 작용을 알기 전에는 두가지 형태의 미생
물 즉 효모와 박테리아가 가루반죽을 부풀게 하는 데 필요
한 가스를 얻기 위해 거의 전적으로 쓰여졌고 이렇게 해
서 빵제품이 필요로 하는 조직을 가질 수 있었다.

가루반죽은 탄수화물의 일종인 포도당을 함유하고 있다.
糖을 이용할 수 있고 代謝할 수 있는 糖은 효모세포의 존
재 아래 최종생성물로서 2산화탄소와 에틸 알코올이 생성
된다. 이 화학반응식은 다음과 같다.

* 역자주 : 유태교의 三大節의 하나로 3월 보름에 지내는 유태사람
들의 명절.

$$C_6H_{12}O_6 \longrightarrow 2\,C_2H_5OH + 2\,CO_2$$
포도당 효모 에틸 알코올 2산화탄소

2 산화탄소는 팽창 또는 부풀게 하는 작용을 촉진하는 가스이며 한편 에틸 알코올은 빵을 구울 때 열에 의해서 증발하여 제빵소나 부엌에서 맛좋은 향기의 일부로 發散한다. 비록 여러가지 빵 제조법에 2당류인 설탕을 사용하는 방법이 있으나 설탕이 효모의 효소작용에 의해서 포도당으로 변하므로 화학반응은 꼭 같다.

효모는 가스의 근원이라고 믿을 수 없고 또한 빵과 과자류의 수요가 매우 크기 때문에 효모에 대신하는 화학적 베이킹 파우더 즉 팽창제가 바람직하게 됐다. 베이킹 파우더는 일반적으로 탄산수소나트륨[베이킹 소다(baking soda)], 인산 2 수소(또는 1 수소)칼슘과 같은 산성염과 녹말로 구성돼 있다. 녹말은 성분을 건조상태로 유지해서 반응하지 않도록 하는 데 도움을 주며 따라서 일정량의 베이킹 파우더가 일정량의 가스를 생성하게 되는 것이다. 인산염과 탄산수소염은 수분이 있으면 쉽게 반응해서 2 산화탄소를 발생한다.

複反應型의 베이킹 파우더*는 室溫에서 2 산화탄소를 거의 발생시키지 않거나 또는 전혀 발생시키지 않는다. 이것은 황산나트륨 알루미늄(sodium aluminum sulfate)이 가해져 있어서 빵이 구워지는 온도에 도달하기까지 가스생성을

---

* 이것(베이킹 파우더)은 調整된 가루반죽을 하루동안 냉동시켜 두고 하루이틀 지나서 구워도 그 팽창능력은 상실되지 않는다. 실온에서는 황산나트륨 알루미늄은 다음과 같이 천천히 분해돼서 황산나트륨을 만들고 황산알루미늄을 水化한다.

$$Na_2SO_4 \cdot Al_2(SO_4)_3 \cdot 24\,H_2O \rightarrow Na_2SO_4$$

인산칼슘과 탄산수소나트륨의 반응과 함께 알루미늄 수화물의 자발적인 분해가 계속된다.

$$Al_2(SO_4)_3 + 12\,H_2O \rightarrow 2\,Al(H_2O)_5OH + 2\,H^+ + 3SO_4^{---}$$
$$3\,Ca(H_2PO_4)_2 + 8\,NaHCO_3 \rightarrow Ca_3(PO_4)_2 + 4\,Na_2HPO_4 +$$
$$8CO_2 + 5\,H_2O$$

억제하기 때문이다. 이러한 방법은 가루반죽을 섞거나 굽는 동안에 가스의 손실이 없게 한다. 함유물을 적은 레테르에 인산칼슘이 끼지 않은 황산나트륨 알루미늄(SAS)의 이름을 거의 볼 수 없을 것이다. 만약 SAS가 단독으로 사용되었다면 부산물로서 쓴 황산나트륨이 생성되기 때문이다. 매우 흥미있는 것은 SAS 베이킹 파우더가 처음 나타났을 때 알루미늄이 유독할 것이라고 상당히 우려했었다는 것이다. 오늘날 이것은 단지 사라져가는 기억에 불과하다.

우리의 할머니시대에 〈鹿角精〉(spirits of hart's horn)이 요리사들을 위한 팽창제로 쓰였다. 사실 실제로 할머니들은 탄산수소암모늄(ammonium bicarbonate)을 썼는데 이것은 오늘날까지도 슈크림(cream puff)과 에클레어의 增量劑로 불리우고 있다. 모튼(Morton)社의 냉동코코넛 크림 파이(Frozen Coconut Cream Pie)나 냉동 초콜릿 에클레어*(Frozen Chocolate Eclairs) 등은 급속한 팽창효과를 위해서 탄산수소암모늄[$(NH_4)_2CO_3$]을 함유하고 있다.

베이킹 소다는 빵집에서 몇세대에 걸쳐 오랫동안 표준으로 사용된 것으로서 탄산수소나트륨(sodium bicarbonate, $NaHCO_3$)이다. 이것은 산과 반응해서 2산화탄소와 물을 만든다. 옛날의 많은 처방에 쓰인 산은 우유 속에 존재하는 락트산(젖산), 식초 속에 있는 초산, 그리고 식품 속에 자연적으로 존재하는 그밖의 유기산 등이다. 락트산의 경우 반응은 다음과 같다.

$$NaHCO_3 + C_3H_6O_3 \rightarrow NaC_3H_5O_3 + CO_2 + H_2O**$$

베이킹 소다를 단독으로 사용하는 가장 큰 결점은 식품 속에 존재하는 천연의 산의 양에 대단한 변화가 있다는 것

---

* 역자주 : 에클레어는 크림을 넣은 손가락 모양의 과자.
** 역자주 : 탄산수소나트륨과 락트산과의 반응식은 다음과 같이 쓰는 것이 편리하다.
$$NaHCO_3 + CH_3CH(OH)COOH \rightarrow CH_3CH(OH)COONa + H_2O + CO_2$$
탄산수소나트륨　락트산　　　　락트산나트륨

이다. 존재하는 산이 너무 적은 경우가 때때로 있는데 이러한 경우에는 가루반죽은 부풀지 않으며 그 결과는 이스라엘인들이 「이집트로부터 연유한」 빵과 같이 돼 버릴 것이다. 이러한 예의 반응은 우선 다음과 같이 일어난다.

$$2NaHCO_3 \rightarrow Na_2CO_3 + H_2O + CO_2$$

이때 탄산나트륨은 바람직하지 않은 최종생성물로 생긴다. 탄산나트륨은 탄산수소나트륨과 분명히 달라서 센 비누와 같은 쓴 맛을 지니고 있다. 이것은 제품을 부스러뜨리며 탄수화물과 반응해서 최종제품에 갈색의 斑點을 만든다.

타르타르크림*(cream of tartar)이라 불리우는 타르타르산칼륨은 타르타르산염 베이킹 파우더의 중요한 성분으로서 수세기에 걸쳐 사용돼 왔다. 타르타르산염 파우더는 물을 가하자마자 급격히 반응해서 2산화탄소를 방출한다. 따라서 이것을 사용하는 경우에는 유용한 가스의 손실을 없애기 위해 혼합과 빵굽는 일을 서둘러 해야 한다.

케이크, 비스킷, 머핀**(muffin), 롤, 팬케이크(pancake) 같은 것은 여러가지 형태의 미리 발효시킨 혼합물을 생성시키고 베이킹 파우더를 특수하게 배합해서 바람직한 결과를 얻고 있다.

安定劑와 凝結劑

몇세기 동안 나무나 열매 또는 어떤 종류의 海藻에서 추출한 여러가지 고무가 식품을 만들 때 이것을 굳게(응

---

* 타르타르크림이라는 것은 농축된 염류의 뜨거운 수용액을 급격히 냉각시킬 때 그 액체의 표면에 밀크의 크림과 같은 작은 浮上결정이 일어나기 때문에 붙여진 이름이다. 18세기의 문학에도 〈크리머 타르타르〉(creamor tartar)라는 말이 사용되고 있다.
** 역자주 : 머핀은 약간 군 둥근 빵.

〔표 8〕 식품용 고무류의 근원

고무의 형태	근원식물	주요산지
海藻抽出物:		
寒	겔리듐屬	일본, 미국
알긴	마크로시스티스 피리페라 라미나리아屬	미국, 영국
불가사리	콘드루스 크리스푸스 지가르티나屬	미국, 영국
푸르셀라란	푸르켈라리아 파스티지아타	덴마크
나무滲出物과 抽出物:		
아라비아고무	아카시아 쎄네갈	수단
가티	아노게이수스 라티폴리아	인도
카라야	스테르쿨리아 우렌스	인도
낙엽송	라릭스 옥시덴탈리아	미국
트라가칸트	아스트라갈루스 구미페르	이란
열매類의 고무:		
구아르	키아몹시스 테트라고놀로부스	인도, 파키스탄
로커스트콩	케라토니아 실리쿠아	지중해연안지방
섬유소 유도체:		
카르복시메틸 셀룰로스	목재펄프와 면화 쩌꺼기	미국
메틸셀루로스와 히드록시프로필 메틸셀룰로스		미국

결)하고 또한 고체와 액체가 분리되지 않도록 결합시킴으로써 이것이 안정화되도록 사용돼 왔다.

오늘날 상품으로서 가장 많이 쓰이고 있는 凝結劑 및 安定劑는 순수한 식물로부터의 抽出物이다. 천연물질을 화학적으로 처리한 것이 이보다 적게 쓰이고 있으며 또한 완전한 합성품*은 이보다 훨씬 적게 쓰인다. 표 8에는 이들 안

---

* 많은 樹木이나 胞子에서 얻어지는 이러한 고무는 多糖類로서 탄수화물의 녹말-셀룰로스의 부류에 속한다. 많은 다당류는 보통의

정제와 응결제의 원료를 나타냈고 표 9는 이러한 것이 쓰이고 있는 식품의 종류와 그 작용을 나타내고 있다.

만약 초콜릿 밀크나 초콜릿 드링크에 안정제를 가하지 않으면 초콜릿입자가 밑바닥에 가라앉아 버리고 만다. 안정제는 밀크의 粘性을 약간 변화시킴으로써 초콜릿의 써스펜숀(suspension)상태를 유지시켜 준다. 소량의 안정제를 첨가하는 것은 또한 글래스에 부은 맥주의 〈거품〉의 수명을 연장시켜 준다.

아이스크림이나 그밖의 氷菓의 결은 부분적으로 제품 속에 생긴 얼음결정의 크기에 의존한다. 안정제가 사용되기 이전에는 물의 일부가 〈모래모양〉 또는 〈낟알모양〉의 아이스크림을 생성하면서 얼어서 결정이 된다. 오늘날에는 첨가된 안정제가 過量의 물과 결합해서 이것이 얼고 뒤이어 결정화하는 것을 방지하고 있다.

안정제는 또한 많은 케이크나 겔라틴(gelatin) 그리고 푸딩 믹스에 사용되는 방향유를 보호하기 위해서도 쓰인다. 이들 기름은 강한 증발성, 화학자들의 용어로 말하자면 揮發性을 지니고 있다. 첨가된 안정제가 수천개의 현미경적인 기름방울을 둘러싸서 향기가 휘발하는 것을 막고 있다.

응결제는 설탕입힌 과자류(icing), 치즈 스프레드(cheese spread), 셀러드 드레싱, 파이 속, 수프, 그리고 그레이비(gravy, 고기국물) 등을 바람직한 농도로(均質狀態) 유지하기 위해서 첨가한다. 예컨대 필즈베리(Pillsbury)社의 「가열하고 먹는다」라는 설탕을 입힌(냉동) 신나몬 롤(Cinnamon Roll)은 두가지 서로 다른 성질을 유지시키기 위해서 캐러기닌과 나트륨 카르복시메틸셀룰로스(sodium

---

糖類와는 달리 물에 녹지 않으며 작은 분자의 당류와 같은 단맛이 없다. 보통의 당류에 요오드를 가하면 자주색으로 변하지 않으나 녹말상 다당류에서는 빛깔이 변한다는 기초화학에서 배운 것을 상기해 주기 바란다.

[표 9] 凝結劑, 安全劑 및 그 용도

첨 가 물	기　　능	식 품 의 종류
한천	응결제	냉동감자캔디, 아이스크림, 냉동커스터드, 셔버트
알긴산나트륨 (알긴)	保水劑	조미료, 쎌러드 드레씽, 냉동케이크, 초콜릿 밀크, 디저트도핑(식후의 과자)
불가사리	안정제	초콜릿 밀크, 냉동제품용시럽, 증발밀크, 가압분산해서 거품을 일게 한 크림, 카트지 치즈
나트륨카르복시 메틸 셀룰로스	안정제, 充塡劑	아이스크림, 냉동빵제품, 치즈 스프레드, 식이요법용 과일 통조림제품, 과일 햄 글레이즈
덱스트린	안정제	맥주, 빵제품, 젤라틴 디저트
젤라틴	응결제	프루츠 젤라틴, 푸딩, 크림치즈, 치즈 스프레드, 치즈제품 디저트 믹스, 케이크 믹스, 쎌러드 드레씽
셀룰로스고무	응결제, 懸垂劑 充塡劑	
아카시아고무 (아라비아고무)	응결제, 안정제	맥주, 쏘프트 드링크, 아이스크림, 人造과일 주스
로커스트콩의 고무	응결제, 안정제	크림치즈, 과일셔버트, 쎌러드 드레씽
구아르고무	응결제, 안정제, 결합제	치즈 스프레드, 빵제품, 육제품
트라가칸스고무	응결제	피클 렐리쉬(pickle relish), 냉동과자, 쎌러드 드레씽, 과일주스

carboxymethylcellulose)의 두가지를 사용한다.

설탕으로 단맛을 가한 음료에는 〈보디〉(body)라 불리우는 일정량의 母體를 가지고 있다. 설탕 대신에 營養價가 없는 감미제를 사용하면 그 음료는 이 〈모체〉를 잃어 버리게 되며 따라서 알긴산나트륨(sodium alginate)이나 셀룰로스고무(cellulose gum), 그리고 펙틴(pectin) 같은 첨가물로 대치해야 한다.

82

시장의 선반에서 임의로 식품을 집어내서 판별해 보면 캐러기넌이 안정제로서 가장 광범위하게 쓰이고 있음을 알 수 있다. 캐러기넌은 혼히 아일런드의 이끼라 불리우는 붉은 海藻類인 콘드루스 크리스푸스(*Chondrus crispus*)에서 얻으며 이것은 아일런드의 北東海岸의 카러겐(Carrageen) 마을의 해변에서 풍부하게 자라고 있다.

캐러기넌의 抽出物은 1835년 이미 미국에서 의료의 목적으로 쓰였으나 그후 2차세계대전까지 쓰이지 않았는데 이때 일본산 寒天을 이용할 수 없게 되자 건조해서 精製한 캐러기넌은 식품첨가물로서 광범위하게 쓰이게 됐다. 이것의 가장 현저한 성질은 단백질류 특히 우유 속의 카제인(casein)과 고도의 반응성을 나타낸다는 것이다. 이러한 이유로 캐러기넌은 아주 소량 첨가해도 초콜릿 밀크에서 코코아(cocoa)가 침전하지 않게 할 수 있다. 만약 첨가량을 많이 하면 커스터드*(custard)나 플랜**(flan)에서 얻어지는 것과 같은 견고한 겔(gel)을 생성한다.

초콜릿 푸딩, 겔라틴 프루츠 푸딩, 싸우어 크림(sour cream) 및 아이스크림과 같은 식품에서 그 표면을 깨뜨리면 겔이 수축해서 물을 밖으로 내보내고 그 결과 작게 이긴 흙처럼 모아지는 경향이 있다. 캐러기넌은 이러한 수분이 분리되는 즉 글자 그대로 합하는(syneresis) 것을 방지하기 위해서 혼히 쓰인다.

〈부피감을 주고〉〈입 속에 부드러운 감촉을 주는〉 것이 캐러기넌이 만들 수 있는 두가지 부가적 공헌인데 캐러기넌은 수프나 쏘스, 카트지 치즈(cottage cheese), 시럽 및 토핑(topping) 등에 이러한 성질을 부여하기 위해서 널리 쓰이고 있다. 페트(pet) 증발 우유의 流動食 세고는 캐러

---

* 역자주 : 커스터드는 우유와 달걀에 설탕, 향료를 넣어서 흐늘흐늘하게 찐 것이다.

** 역자주 : 플랜은 치즈, 크림 등을 넣은 과자.

기년을 사용한 것으로 잘 알려진 두가지 제품이다. 비교적 새로운 인스탄트 아침식사의 길다란 성분표를 보면 캐러기년은 침전이 생기지 않도록 粘度를 증가시키기 위해서 사용된다.

알긴산(alginic acid)과 알긴산나트륨 같은 염들은 미국과 유럽에서 역시 많이 사용되고 있다. 알긴산은 남캘리포녀의 연안에서 자라고 있는 거대한 海草 즉 마크로키스티스 피리포라(*Macrocystis pyrifora*)에서 산출된다. 미국의 東海岸, 특히 메인(Maine) 부근에는 또다른 특별한 해초 즉 라미나리아(*Laminaria*)가 풍부한데 어떤 것은 15 m 피트의 크기에 이른다.

알긴산염은 A&P 社의 스무드 휩 디저트 토핑(Smooth Whip Dessert Topping), 아이스크림, 셔버트(sherbert) 그리고 치즈와 같은 식품의 겔化劑(gelling agent)나 과일주스의 고체와 액체의 써스펜슌(현탁성)을 유지하는 데 쓰인다.

응결제로 널리 쓰이는 아라비아고무(아카시아고무라고도 불리운다)는 高溫乾燥한 高地에서 자라는 아카시아나무의 껍질에서 얻어진다. 아카시아는 세계의 건조한 또는 半乾燥한 지역에서 발견되지만 수단(Sudan)은 좋은 품질의 아라비아고무의 主産地이다. 아라비아고무의 가장 이상한, 그러나 有用한 성질로는 高度의 水溶性을 지니고 있다는 점이다. 이미 언급한 것 같이 이러한 성질은 긴 사슬구조의 多糖類로서는 예외에 속한다.

매우 기묘한 것은 고무공업이 일종의 感染에 기초한다는 것이다. 아카시아나무는 樹皮에 세균이 침입하면 이에 반응해서 고무 생산을 촉진하는데, 이것은 마치 굴이 자극에 반응해서 진주를 만드는 것과 마찬가지이다. 따라서 고무나무의 고무생산을 촉진하기 위해서 박테리아가 침입하도록 나무에 故意로 상처를 낸다.

모든 植物性고무 중에서 가장 높은 점성을 지닌 것은 아

마도 트라가칸트(tragacanth)일 것이다. 트라가칸트는 찬
물에서 매우 크게 팽창하기 때문에 매우 적은 농도에서 사
용해도 된다. 이것은 건조한 丘陵地帶, 특히 터키나 이란
의 산악지대에서 산출되는 가시가 많은 작은 아스트라갈루
스(Astragalus)灌木에서 추출된다. 트라가칸트는 나사모양
으로 감긴 리본狀을 이루고 있으며 건조시키면 뿔처럼 되
며, 따라서 이름은 그리스어의 〈山羊의 뿔〉에서 연유한다.
즉 그리스어의 트라가스(tragas)는 山羊, 아칸타(akantha)는
뿔을 뜻한다.

트라가칸트는 산에 강한 저항성을 지니고 또한 안정한 에
멀슌을 형성하는 능력이 있기 때문에 쌜러드 드레싱, 피클
렐리쉬, 감귤류 주스와 같은 높은 산성식품의 안정제로 쓰
인다.

에멀슌化劑와 界面活性劑

미국의 주요 스낵(snack, 가벼운 식사)인 땅콩버터를 만
들기 위해서 우선 기름으로 처리하지 않으면 안됐던 것은
그리 오래 전부터의 일이 아니다. 그렇지 않으면 고무狀의
덩어리가 되기 때문에 삼키기 어렵게 된다. 땅콩버터를 먹
을 수 있도록 하기 위해서는 먼저 기름과 짓찧은 땅콩을
매우 세게 섞어야만 했다. 오늘날에 이것은 우스운 이야
기로 남아 있을 뿐이다.

많은 가정주부들은 또한 물이 새어나가는 것을 방지하고
수용성 성분에서 기름이 분리되는 것을 방지하기 위해서
마가린을 반죽해야만 했던 때를 鄕愁에 젖지 않고도 회상
할 수 있을 것이다.

땅콩버터, 마가린, 그밖의 즉석에서 사용하는 많은 제품
들에는 화학적인 에멀슌化劑가 필요하다. 에멀슌화제는 어
떤 액체 속에 다른 액체의 미세한 방울을 분산시킬 수 있

다. 이러한 단순한 보기가 기름과 물*이다. 이 두가지를
섞으면 기름의 입자가 모여서 표면에 뜨고 따라서 물 위
에 기름층을 형성한다. 그러나 에멀슌화제를 가하면 기
름과 물이 섞여지고 섞인 상태를 유지하게 된다(표 10참
조).

〔표 10〕 分散系

형 태	내부형태	외부형태
에멀슌	액체	액체
거품	기체	액체
에어로졸(안개, 연기)	기체 및 고체	기체
써스펜숀(졸)	고체	액체

　에멀슌화제는 제빵공업에서 중요한 역할을 하는데 이것
은 부피의 증가, 均一性의 유지, 입자의 粉末度를 좋게 하
는 데 도움을 주며 또한 가루반죽을 취급하기 쉽게 한다.
　초콜릿 또는 초콜릿을 입힌 식품류는 室溫에서 방치해 두
면 얼룩이 지고 솜처럼 부풀부풀하게 보이게 된다. 이러한
변화는 초콜릿에서 코코아 버터가 분리되기 때문에 일어나
는 것으로서 제조업자들 사이에서는 〈블룸〉(bloom, 開花)
이라 불리우고 있다. 에멀슌화제를 첨가하면 지방과 코코
아가 초콜릿과 안정하게 반응하는 데 도움을 주게 되며 따
라서 비록 실온에서도 초콜릿의 표면이 번들번들한 광택을
유지하게 된다.
　凝縮, 또는 식품의 粘度를 증가시키는 것은 적당한 안정
화의 기술을 구사해서 이루어질 수 있다. 예컨대 마요내즈

---

* 역자주 : 에멀슌화제는 식품공업에서 광범위하게 쓰이는 물질인데
지방의 에멀슌에는 두가지 형태가 있다. 즉 기름 중에 물이 분산
돼 있는 것을 油中水滴型(W/O)이라 하며 그 예로는 버터, 마가
린 등이 있고 한편 물 중에 기름의 입자가 분산돼 있는 것은 水
中油滴型(O/W)이라 하며 우유, 아이스크림, 마요내즈 등이 이
러한 보기에 속한다.

에 기름을 첨가하는 효과는 일반적으로 알려진 것인데 水中油滴型 에멀순화의 뛰어난 實例이다.

에멀순화제의 한 형태인 界面活性劑는 역시 潤活性있는 식품에 쓰이고 있다. 이러한 경우 기름의 윤활성에 의해서, 예를 들면 캐러멜이나 땅콩버터가 굳어지는 것을 감소시켜 미끄럽게 한다. 간단하고 쉽게 말하면 계면활성제는 그것이 접촉하는 다른 물질(식품)의 표면의 성질을 변화시키는 화학약품을 의미한다. 이것들은 界面이라 불리우는 두가지 인접하는 표면의 경계에 따라서 스스로 배열하게 되는 것이다.

식품의 경계면은 두가지 혼합되지 않는 액체 사이(기름-물-마요내즈), 기체와 액체 사이, 또는 액체와 고체 사이의 접촉점을 가열할 수 있게 한다.

때때로 계면활성제는 이들의 기능에 따라 安定劑, 에멀순화제, 脫에멀순화제, 洗淨劑, 氣泡劑, 또는 濕潤劑 등으로 분류한다.

가장 광범위하게 쓰이는 에멀순화제로 천연물질로는 레시틴(lecithin)과 합성품으로는 모노글리세리드 및 디글리세리드(diglycerides)가 있다. 레시틴은 식물과 동물의 조직에서 얻어지는데 합성품이 발명되기 이전에는 거의 독점적으로 사용돼 왔다. 그러나 레시틴이 에멀순화제에서 기대되는 많은 기능을 충족시켜 줄 수는 없다. 독자들은 수백 종류의 다른 식품의 포장에서 레시틴이나 디글리세리드 또는 이 두가지를 함께 발견할 수 있을 것이다. 예를 들면 볼슨(Balsen)社의 래스베리 크림 웨이퍼(Raspberry Cream Wafer), 제네럴 푸드社의 에인절 딜라이트 초콜릿 디저트 휠(Angel Delight Chocolate Dessert Whirl)은 레시틴을 사용하고 있다. 필즈베리社의 제품 헝그리 잭 매쉬드 포테이토(Hungry Jack mashed potatoes)에는 모노글리세리드와 디글리세리드를 스테아로일-2-락틸산나트륨(sodium stearoyl-2-lactylate,

또는 칼슘)(이것은 가루반죽의 세기와 부피를 증가시키는 調整劑이다)을 함께 사용한다. 독자들은 같은 배합의 화학 약품이 젤로(Jello)社의 휘픈 칠(Whip'n Chill) 속에서 함유물을 상호간 안정하게 하기 위해서 쓰고 있으며 베티 크로커(Betty Crocker)社의 포테이토 버드(Potato Bud)에서는 그 부피를 증가시키기 위해서 쓰고 있는 것을 발견할 것이다.

빵, 케이크, 케이크 믹스, 그리고 그밖의 빵제품에 가장 널리 쓰이는 계면활성제는 모노글리세리드와 디글리세리드이다. 이것들의 제1의 목적은 부피를 증가시키고 결을 좋게 해서 먹기 쉽게 하는 등 품질유지의 개량에 있다. 그림 11은 케이크 반죽*(cake batter)과 완성된 케이크의 顯微鏡 사진이다. 가루반죽의 부피를 증가시키는 데 기여하는 기포는 지방이 분산된 단백질의 필름에 의해서 둘러싸여 있다.

A&P社의 다크 초콜릿 플레이버 프로스팅 믹스(Dark Chocolate Flavored Frosting Mix)와 베티 크로커社의 초콜릿 푸딩 믹스(Chocolate Pudding Mix)와 썬키스트 오린지 프로스팅 믹스(Sunkist Orange Frosting Mix)는 모노 및 디글리세리드를 사용해서 좋은 효과를 거두고 있다. 더우기 최근에는 제너럴 푸드社가 드림 휩(Dream Whip)을 소개하고 있는데 廣告사진을 보면 특별한 부피와 결(조직)을 나타내고 있다. 모노스테아르산 프로필렌 글리콜(propylene glycol monostearate)의 힘 없이는 이러한 효과는 불가능하다. 아세틸화된 모노글리세리드는 마이-T-파인(My-T-Fine)社의 레몬 플레이버 파이 필링(Lemon Flavor Pie Filling)과 젤로社의 휘핑 칠의 성분중 하나이다. 에멀순화제를 첨가하면 이러한 첨가제가 제품에서 수분이 상실되는 것도 역시 방지한다. 또 다른 식품들에서 모노 및 디글리세리드는 이것들의 농도에

─────────────

* 역자주 : 우유, 달걀, 밀가루의 반죽

88

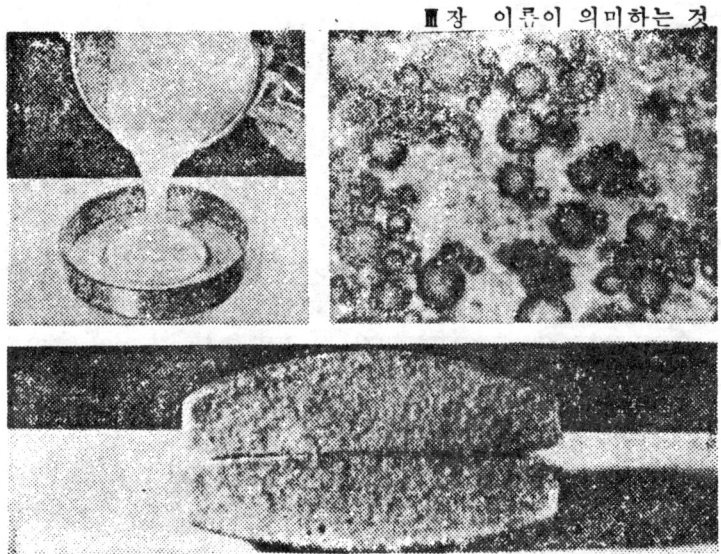

〔그림 11〕　에멀슌화제와 이것의 반죽과 케이크에 대한 효과(100배)
　　　　A. 아주 좋은 반죽은 오히려 濃厚하고 약간 굳어지는 정
　　　　도이다. 기포는 지방으로 둘러싸이고 2,3개의 나머지
　　　　지방의 검은 웅덩이를 볼 수 있다. 케이크는 부피가
　　　　커지고 결은 섬세하다.

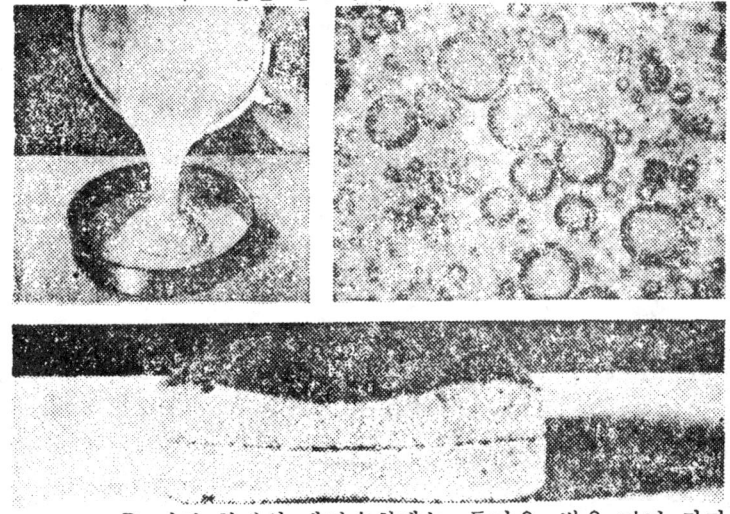

　　　　B. 이런 형태의 에멀슌화제는 두꺼운 벽을 지닌 커다란
　　　　기포의 형성을 중지시킨다. 반죽은 부드럽고 굳어지지
　　　　않고 점성을 띤다. 그러나 빵 구울 때의 큰 방울이 최
　　　　후로 파열돼서 케이크는 오무러든다.

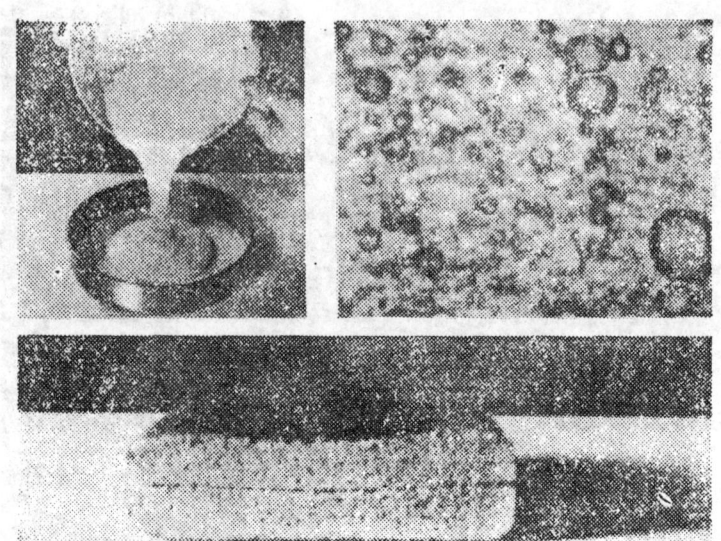

C. 다른 형태의 에멀슌화제는 두꺼운 벽을 지닌 작은 기포의 형성을 촉진시킨다. 반죽은 엷고 부드럽다. 오븐 속에서 기포는 깨뜨려지고 그 결과 만들어지는 케이크는 거친 결과 가라앉은 속을 갖게 된다.

따라서 더 좋은 齒感을 부여하고 있다.

또다른 혀에 감칠맛을 내게 하는 첨가제로는 락토팔미트산 글리세롤(glycerol lactopalmitate)이 있다. A&P社의 스무드 휩(Smooth Whip)과 첼튼 하우스(Chelten House)社의 인스턴트 양파 딥(Instant Onion Dip) 등에서 사용되는 이것은 거품을 일게 하는 동안 기포의 증가를 돕고 있다.

모든 계면활성에멀슌화제 중에서 가장 놀랄 만한 위력을 발휘하는 것은 폴리옥시에틸렌 소르비탄 모노올레에이트〔polyoxyethylene sorbitan monooleate 또는 트리스테아레이트(tristerate)〕로서 이것을 다행히도 폴리소르베이트 80(Polysorbate 80)이라고 간략하게 부른다. 또다른 종류의 것으로는 폴리소르베이트 60이 있는데 이것은 화학적으로 폴리옥시에틸렌 소르비탄 모노스테아레이트로 알려져 있다. 이들 트윈*(Tween)은 두가지 다 많은 제품에 겹의 윤

* 트윈은 애틀러스화학공업사(Atlas Chemical Industries, Inc.)의 상표이다.

택성을 주기 위해서 쓰이고 있다. 폴리소르베이트 80은 아이스크림, 냉동 커스터드, 아이스 밀크, 셔버트, 과자에 설탕 입힌 것, 파이 등의 속과 토핑* 그리고 쏘프트 드링크 등에서 발견된다. 코피메이트(Coffeemate) 같은 종류의 제품에서 이 두가지 에멀슌화제가 〈크림〉의 分散速度를 증가시키기 위해서 쓰인다. 냉동 초쿨릿 에클레어, 프루티드 햄 글레이즈(fruited ham glaze) 그리고 켈로그(Kellog)社의 팝 타츠(Pop Tarts) 같은 제품에도 역시 폴리소르베이트 60이 함유돼 있다. 쏘프트 드링크, 셔버트 및 피클에서도 폴리소르베이트가 물에 녹지 않는 香料油나 調味油가 분산하는 것을 돕는다.

계면활성제의 또하나의 특성으로는 그 농도나 또는 결합하는 다른 화학약품의 종류에 따라서 거품을 만들거나 또는 거품의 발생을 억제하는 능력이다. 거품 없이는 우리가 인스턴트 무스 믹스(instant mousse mix), 즉석 므랭*(meringues) 및 여러가지 프로스팅(frosting)과 팬케이크 믹스(pancake mix)를 얻을 수 없다. 이것은 반대로 식품의 어면 배합을 습하게 하거나 세게 저어서 거품을 일게 할 때 원하지 않거나 탐탁치 않은 거품을 생기게 한다. 폴리소르베이트나 모노글리세리드 같은 에멀슌화제는 거품을 없앨 수 있거나 거품의 발생을 방지할 수 있다.

끝으로 어면 특수한 에멀슌화제 및 계면활성제, 또는 이것들의 배합이 특수한 식품에 독특한 기능을 주는 데 필요하다는 것에 유의하는 것이 대단히 중요하다. 이러한 필요한 효과를 달성하기 위해서는 반드시 이들 에멀슌화제를 주의깊게 선택해야만 한다.

---

* 역자주 : 식후에 먹는 과자.
* 역자주 : 설탕과 달걀 흰자위를 섞어서 만든 과자.

固結劑와 固結防止劑

많은 야채와 과일들은 통조림하거나 병조림하기 위해서 가열할 때 어떤 응결제를 가하지 않으면 연해지는 경향이 있다. 따라서 통조림공업에서는 오랫동안 콩類, 감자류, 피클, 버쩌, 사과, 그리고 토마토를 조리하기 전에 약간의 칼슘염을 가했다. 이 화학약품은 과일이나 야채에 함유돼 있는 펙틴과 작용해서 겔을 만들고 조리한 다음까지도 구조적인 완전성을 유지시킨다. 분석결과 가공하지 않은 과일이나 야채에서는 천연에 존재하는 펙틴이 세포의 층을 서로 接着시키는 작용을 하는 것이 밝혀졌다. 그러나 요리할 때의 열로 말미암아 이것이 파괴돼 버리는 경향이 있으며 이러한 이유로 섬유구조가 붕괴되고 식품이 지나치게 연해진다.

시트르산과 글루콘산의 칼슘염도 때때로 代用으로 쓰이고 있지만 보통 칼슘염이 염화칼슘*의 형태로 통조림 야채에 첨가되고 있다. 통조림한 사과의 얇은 조각은 지나치게 연해지지 않도록 때때로 젖산칼슘을 첨가하고 있다.

대부분의 구매자들은 모튼社의 食鹽商標가 「비가 와도 굳지 않는다」라는 것을 알고 있을 것이다.**모튼社의 사람들은 이 불멸의 메쎄지와 더불어 명성을 만들어 냈다. 이

---

* 염화칼슘은 역시 대부분의 카트지 치즈(cottage cheese)나 체더 치즈(cheddar cheese)의 치즈제조 초기단계의 응고에 도움을 주기 위해 가해졌다.
** 만약 독자가 작은 덩어리의 모양을 한 염의 입자를 그릴 수 있다면 응결방지제에 의해서 이루어지는 역할을 쉽게 이해할 수 있을 것이다. 염은 潮解性이 있으므로 공기 중에서 수분을 흡수하는 경향이 있다. 이때문에 염 입자의 표면은 습해져서 〈덩어리〉 사이에 물의 막을 만든다. 습도가 내려가면 수분이 증발하면서 밀접하게 결합돼 있는 입자 사이가 그대로 밀착되고 결합된 채 남

것은 단지 한줌의 실리코 알루민산나트륨(sodium silico aluminate) 때문이라고 생각한다.

식염, 설탕 및 다른 粉末類가 자유자재의 유동성을 지닐 수 있도록 고결방지제를 가한다. 어메리컨 슈거 캄퍼니 〔American Sugar Company, 도미노(Domino)상표〕는 과자 제조용 설탕 10에 대해서 옥수수녹말 3%를 가해서 덩어리지는 것을 방지하고 있다. 한편 클래버 걸 베이킹 파우더(Clabber Girl baking powder) 제조업체인 헐먼(Hulman and Company)社는 제품이 대기 중의 수분을 흡수해서 덩어리지고 굳어지는 것을 방지하기 위해서 황산나트륨 알루미늄과 옥수수녹말을 쓰고 있다.

다시 한번 대부분의 마늘이 든 식염의 레테르를 보면 독자들은 스테아르산칼슘(calcium stearate)이 가해졌음을 알 수 있을 것이다. 이것은 濕氣防止劑로서 보통 상태에서 일어나기 쉬운 마늘분말이 굳어지(固結)는 것을 방지한다. 제너럴 푸드社는 분말 오린지 드링크인 탱에 물을 가했을 때 쉽게 분산되도록 화학적 고결방지제로서 인산칼슘을 쓰고 있다.

모튼社의 식염에 자유자재의 유동성을 지닐 수 있도록 하기 위해서 쓰고 있는 실리코 알루민산나트륨은 비교적 새로운 첨가물로서 상당한 전망이 보인다. 그때문에 이 첨가물은 오늘날 제너럴 푸드社의 드림 휩, 젤로社의 휘핑 칠, 카네이슌社의 인스탄트아침식사, 코피메이트 〔코피표백제(coffee whitener)〕, 그리고 그밖의 다른 많은 건조분말에 쓰이고 있다. 이러한 모든 제품들은 물을 가했을 때 급속하게 분산하거나 또는 푸딩*의 굳기를 유지시켜야 한다.

아 있게 된다. 이러한 결합을 막기 위해서 실리코 알루민산나트륨과 같이 고결을 방지하거나 또는 流動性을 유지시키는 調整劑가 사용된다. 이것은 염을 덮어싸서(coating) 물에 대한 효과적인 장벽을 만드는 작용을 한다.

* 역자주 : 보리가루에 사탕 또는 향료를 넣어서 구운 식사 후의 과자.

식탁에 오르는 식염에 첨가해서 쓰이는 규소알루민산나트륨〔제올렉스(Zeolex)〕를 첨가하는 경우 요오드화칼륨이나 요오드화제 1 구리를 함께 가하면 요오드화된 식염이 생성된다. FDA는 단지 이 두가지 형태만을 인간의 소비를 위한 영양적인 요드 공급원으로 인정하고 있다.

公衆保健當局者들의 특별한 관심을 끄는 것은 최근 수년 동안에 甲狀腺腫의 급격한 증가이다. 사람들이 미리 식염을 가한 손쉬운 식품에 의존하는 일이 점점 늘어났기 때문에 요오드화된 식염이 덜 쓰이게 되었다. 이 결과 미국에서는 거의 사라졌던 甲狀腺腫이 다시 증가하는 경향을 보이고 있다.

甲狀腺은 두개의 갑상선호르몬인 티록신(thyroxin)과 트리요오드티로닌(triiodothyronine)을 생성하는데 요오드의 농도 및 물질대사와 밀접한 관계를 갖고 있다. 〈요오도〉(iodo)라는 부분이 요오드의 존재를 명백하게 가리켜 주고 있다. 이두가지 화학물질을 만드는 데 적당한 양의 요오드와 그 이용이 절대로 필요하다. 이 갑상선호르몬은 인체의 성장과 물질대사에 중요한 영향을 미친다.

일반적으로 갑상선질환은 네가지 종류로 생각하고 있지만 호르몬 생산의 減退 또는 결핍 즉 甲狀腺機能不全(hypothyroidism)이 여기에서 최대의 관심사이다. 요오드의 합성(2 장 참조)을 방해하는 고이트로겐의 과다한 섭취와 물질대사의 先天的인 장해의 두가지가 갑상선기능부전을 일으킴은 잘 알려져 있지만 이 질병은 대부분 음식 중에 요오드 섭취가 적절하지 못한 결과로 생긴다. 갑상선종이 成熟期(分娩年令)의 소녀들 사이에 다시 유행되고 있다는 사실은 식사 중에 요오드가 결핍되어 있다는 것과 크레틴병(cretinism) 사이에 직접적이고 확실히 입증된 관련이 있다는 이유에서 警鐘을 울려 마땅하다. 크레틴병〔쉬스-프랑스어로 〈가련한 친구〉라는 의미에서 나왔다〕은 胎兒期에

충분한 갑상선 분비가 결핍되어 일어나는 일종의 난장이병이다. 크레틴병에 걸리면 정신적·육체적·성적 발달을 크게 阻害한다.

그러므로 이러한 경우에 요오드를 가한다는 것은 기능적인 필요성이라기보다 영양적인 필요성을 충족시키는 역할을 하는 것이 된다.

酸化防止劑

酸敗는 식품변질에서 가장 보편적인 것의 하나이다. 이것은 대기 중의 산소, 수분, 열 및 많은 천연지방 중에 존재하는 어떤 효소에 의해서 일어나는 냄새나 맛의 변화로 식별할 수 있다.

고체지방이나 기름이 오랫동안 저장되는 과정에서 산패되는 정도는 그 기름의 종류나 저장조건에 따라서 달라진다. 예를 들면 어떤 지방의 버터가 만들어진 다음 며칠 사이에 냄새나 맛의 변화를 일으키는데 어떤 市販 쇼트닝은 몇달 室溫 그대로 보존해도 조금밖에 나쁜 냄새가 발생하지 않는다. 대부분의 경우 산패현상은 지방이 풍부한 식품(지방성 식품)에 한정돼서 일어나는 문제이다. 지방이 산패할 때 일어나는 화학반응은 酸化性과 加水分解性의 두가지 형태로 구별된다.

가수분해반응에서는 효소가 지방과 식품 중의 다른 화학원소와의 반응속도를 촉진하여 부티르산(butyric acid)이나 카프르산(caproic acid)과 같은 썩은 냄새를 내는 지방산을 생성한다.

산화반응에서는 공기(산소)가 어떤 종류의 不飽和脂肪酸의 二重結合에 작용해서 냄새가 매우 강한 케톤(ketone)이나 알데히드(aldehyde)라 불리우는 화합물을 형성한다.

리버슌*(reversion)은 산패의 더 완만한 형태이다. 이 경우에도 역시 맛이나 냄새의 변화가 일어나며 흔히 야채, 생선 및 특수한 불포화기름에 발생한다. 탄수화물을 다량 함유하는 식품에서는 또다른 형태의 산화가 일어난다. 탄수화물에서는 냄새나 맛의 변화보다도 오히려 색의 변화가 특징이다. 이것은 여러가지 종류의 야채나 과일을 얇게 썰어서 공기 중에 노출시킨 경우에 일어나는 반응이다.

지방성식품**의 경우 산화가 중요한 문제가 되는 데 비해 탄수화물과 단백질을 다량 함유한 식품을 보존하는 경우에는 미생물에 의한 부패가 가장 중요한 요인 중의 하나이다. 매우 신기한 것은 식물성기름, 특히 씨앗에서 얻어진 기름은 산패되는 경우 뚜렷한 저항을 나타낸다. 한편 동물성기름은 매우 빨리 부패한다. 이전부터 산화에 대한 저항이 酸化防止劑(抗酸化劑)라 알려진 화학물질의 존재와 관계가 있다는 것이 밝혀졌다. 이러한 산화방지제는 천연의 지방이나 기름 속에 존재하지만 그 양이 지방이나 기름의 종류에 따라 다르기 때문에 기름을 처리하는 과정에서 때때로 가외의 산화방지제가 공급된다.

식품에 첨가되는 산화방지제는 앞에서 언급한 것 같이 지방성식품의 산패 및 리버슌, 그리고 탄수화물이 풍부하게 함유된 식품의 變色을 방지하거나 감소시킨다. 요리사들은 오래 전부터 식염, 래몬, 라임, 파인애플 주스를 사용

---

* 리버슌과정에서 발생하는 냄새는 변패의 냄새와는 전혀 다르다. 이 리버슌(復歸)이라는 말은 어떤 종류의 생선기름을 처리후 저장할 때에 본래의 생선냄새로 〈되돌아간다〉는 사실에서 유래한다. 콩기름도 역시 쉽게 리버슌을 일으킨다. 그 과정은 콩기름 냄새는 버터향에서 콩같은 냄새, 풀같은 냄새, 페인트 같은 냄새로 변하고 나중에 생선같은 냄새가 된다.
** 농촌의 부인들은 오래 전부터 돼지기름을 저장하는 데 공기와의 접촉면적을 최소한으로 줄이기 위해 주둥이가 작은 그릇에 넣어서 찬 장소에 놓아 두는 것을 알고 있었다. 어둠과 찬 것과 공기와의 접촉을 제한하는 것이 산패를 방지하는 관건이다.

해서 얇게 썰은 복숭아, 사과 및 감자 등의 변색을 막아 왔다. 이들 감귤류의 주스는 천연의 산화방지제인 아스코 르브산*을 함유하고 있는데 아스코르브산은 또한 비타민C 로 알려진 것으로서 이 산은 이러한 목적으로 식품가공업 자들에 의해서 널리 사용되고 있다.

얇게 썰은 복숭아를 냉동시키는 경우에도 이 점이 문제 가 된다. 만약 산화방지제가 함유돼 있지 않으면 복숭아는 갈색으로 변하고 이것을 녹여서 食用으로 제공했을 때 食 慾을 잃게 한다. 예를 들면 브레익스톤(Breakstone)社가 그의 쉬스 파르패 피취 멜버 요구르트(Swiss Parfait Peach Melba Yogurt)에 아스코르브산을 사용하는 것도 이러한 이유 때문이다. 만약 이것을 사용하지 않으면 복숭아는 금 방 검게 돼 버린다.

식품가공업자들이 산패와 갈색으로 변하는 것을 제어하 기 위해서 가장 널리 사용하고 있는 화학약품의 종류는 실 제로 그리 많지 않다. 부틸화된 히드록시아니졸(butylated hydroxyanisole)과 이와 비슷한 부틸화된 히드록시톨 루엔 (butylated hydroxytolulene)(보통 소비자들을 놀라지 않게 하기 위해 BHA 및 BHT로 적고 있다)이 제너럴 푸드社의 텡, A&P社의 스무드 휩, 켈로社의 펍 타차, 제너럴 푸드 社의 드림 휩, 프렌취社의 매쉬드 포테이토(mashed potato), 앤 페이지(Ann Page)社의 스파클(Sparkle), 루이스 세리 (Louis Sherry)社의 쉬머(Shimmer), 그밖에 크래커, 수프, 라드(lard) 및 쇼트닝 등 많은 상품 속에서 발견된다.

바람직한 효과를 거두기 위해서 한 종류 이상의 산화방 지제가 필요하게 되는데 흔히 갈산프로필(propyl gallate)을 BHA 또는 BHT와 섞어서 쓰고 있다. 그밖에도 가끔 시트

* 아스코르브산은 新造語로서 안티코르뷰틱 (antiscorbutic)이라는 말 에서 파생된 것인데 이것은 壞血病에 대해 유효하다는 의미이다. 감귤류의 과일, 특히 레몬과 라임은 오랫동안 항해하는 선원들 이 괴혈병에 걸리지 않게 하기 위해서 쓰여져 왔다.

르산, 인산 및 아스코르브산을 BHA 와 BHT 의 효과를 증진시키기 위해서 첨가한다.

때때로 에리토르브산(erythorbic acid)과 이것의 나트륨염인 에리토르브산나트륨을 썬 고기, 간 고기 및 保存用의 고기製品의 색이 바래는 것을 방지하기 위해서 사용한다. 슬림 짐(Slim Jim)이라 불리우는 燻製의 純쇠고기 쏘시지의 레테르에는 「안전성을 높이기 위해서 산소遮斷劑(산소抑止劑)가 첨가돼 있다.」라고 적혀 있다. 이것은 〈산화방지제〉라는 말이 일부 사람들에게 혼란과 恐怖를 품게 할지도 모르기 때문이며 그 대신 〈新鮮한 安定劑〉라는 표현도〔필즈베리社의 냉동 신나몬 롤, 베티 크로커社의 썬키스트 오린지 프로스팅 믹스, 덩컨 하인즈(Duncan Hines)社의 케이크 믹스 등〕쓰이고 있다.

加工食品의 영양가를 높이기 위해서 비타민 B 류가 첨가돼 있을 때 흔히 BHA 나 BHT 와 같은 산화방지제가 없는 것을 독자들은 거의 발견하기 어려울 것이다. 왜냐하면 이러한 비타민류들은 자연계에 풍부하며 매우 산화되기 쉽고 산패되기 쉽기 때문이다.

해바라기의 씨에는 원래 다량의 기름이 함유돼 있으므로 이것의 산패를 충분히 방지하지 않으면 안된다. 따라서 피셔(Fisher)社의 해바라기씨의 통조림 레테르에는 산화방지제로서 BHA뿐 아니라 인산칼슘과 갈산프로필이 적혀 있다.

때때로 독자들은 또하나의 발음하기 어려운 화학약품 노르디히드로구아이아레트산(nordihydroguaiaretic acid)이 파이 크러스트 믹스(pie crust mix)의 포장이나 디저트 토핑(dessert topping)의 에어로졸 깡통의 레테르에 기재된 것을 주목하게 될 것이다. 그러나 이러한 크리오소트(creosote, 防腐劑)에서 추출한 산화방지제가 더 효과적인 다른 화학약품 때문에 그 地盤을 상실하고 있다.

가정주부들은 스테이크나 간 쇠고기같이 포장하지 않은

肉類는 흔히 고기의 표면과 내부 사이에 뚜렷한 빛깔*의 차이가 있는 것이 눈에 띄게 된다. 이러한 색의 차이는 고기의 품질의 영향도 아니며 고기가 산패돼 있는 것을 의미하는 것도 아니다.*

金屬制止劑

킬레이트劑(chelating agent) 또는 金屬制止劑(sequestering agent)는 구리, 철 및 코발트같은 微量金屬과 결합해서 이러한 금속들을 화학적으로 非活性으로 만들기 위해서 식품에 첨가한다. 킬레이팅(chelating)이라는 말은 그리스어의 켈레(khele) 즉 갈구리라는 뜻에서 파생되었으며 한편 씨퀘스터링(sequestering)은 라틴어 씨퀘스트라레(sequestrare) 즉 보호를 위해서 내버린다는 뜻에서 나온 말이다.

이러한 미량금속은 여러가지 식품 속에 천연으로 존재하기도 하며 또 가공처리하는 중에 들어가기도 한다. 어느 경우에나 이러한 미량원소를 제거하지 않으면 식품의 변질이 빨리 오고 맛이나 색을 잃게 되며 뿌옇게 되는 등의 현상을 초래하게 된다.

예를 들면 많은 지방이나 기름종류는 미량의 구리와 철을 함유하고 있다. 이들 금속은 그들 자체만으로는 산패를 일으키지 않고 산화에 의한 산패작용을 촉진시키는 觸媒로 작용한다. 금속제지제는 이러한 금속들과 결합해서 이것을 안정한 錯物로 만들고 따라서 이미 이들 금속이 촉매로서의 작용을 할 수 없게 한다.

---

* 역자주 : 肉類의 색소는 주로 복합단백질인 미오글로빈과 헤모글로빈인데 이것이 공기 중에 오랫동안 노출되면 산화되어 각각 메트미오글로빈(metmyoglobin)과 메트헤모글로빈(methemoglobin)으로 변해서 돼지고기의 표면이 暗褐色으로 변한다. 따라서 햄이나 소시지를 만들 때는 이러한 변색을 막기 위해서 질산염(KNO₃ 등)을 안정제로 가해서 니트로소미오글로빈(nitrosomyoglobin)과 니트로소헤모글로빈(nitrosohemoglobin)이 생겨 공기에 의한 산화를 방지하고 아울러 鮮紅色을 띠게 한다.

천연의 킬레이트제로서는 식물의 녹색 색소인 엽록소〔클로로필(chlorophyll)〕및 적혈구의 색소인 헤모글로빈이 있는데 엽록소에는 마그네슘, 헤모글로빈에는 철이 킬레이순에 의해 결합해서 안정된 착물을 만든다.

금속제지제는 역시 투명한 쏘프트 드링크가 뿌옇게 되는 것을 방지하는 데도 중요한 역할을 한다. 음료의 병제조업자가 사용하는 물 속에 미네랄이 함유돼 있는 경우에는 뿌옇게 변하거나 음료 외에 함유돼 있는 성분, 특히 着色劑와 접촉해서 沈澱을 만든다. 금속제지제를 가하면 이러한 현상을 막을 수 있다.

통조림한 배가 때때로 핑크색으로 변색하는데 이것은 유리된 미량의 금속이 배의 조직 중에 있는 화학물질과 반응하는 또다른 보기이다. 이러한 경우에는 구리, 철 및 아연의 결합이 원인이 되고 있다.

變色, 뿌옇게 되는 것, 산패 등을 방지하거나, 또는 크게 감소시키는 능력을 지닌 금속제지제중 식품공업에서 널리 일반적으로 쓰이고 있는 것으로는 칼슘 디나트륨 에틸렌 디아민 테트라아세테이트(calcium disodium ethylene diamine tetraacetate) 즉 EDTA 라 알려진 화합물이 있다. 예를 들면 미량의 크롬, 구리, 철이라도 통조림한 粒狀 또는 크림상의 옥수수를 綠灰色으로 변색시킨다. 가열하기 전에 EDTA 를 통조림 속에 첨가함으로써 이러한 변색을 방지할 수 있다.

EDTA 는 흔히 아스코르브산과 같은 산화방지제와 함께 쓰이고 있는데 이것은 이 두가지를 각각 단독으로 사용했을 때보다 함께 사용했을 때가 더 좋은 효과를 나타내기 때문이다. 예를 들면 얇게 썬 복숭아의 통조림에 약간의 EDTA 를 첨가하면 아스코르브산의 양은 단독으로 사용했을 때 필요한 양의 4분의 1만으로 된다.

조개류(甲殼類) 특히 새우 등에는 高濃度의 철, 구리, 아연 등이 발견된다. 새우를 가열해서 통조림할 때 靑綠色

또는 회색으로 변한다. 요리하지 않은 냉동새우는 흑색 또는 斑點狀으로 변색한다. 이러한 변화가 없는 것을 소비자들이 받아들이기 때문에(어느 경우나 이러한 변색은 소비자들이 달가와 하지 않으므로) EDTA가 단독으로 또는 시트르산과 함께 첨가돼서 새우의 색을 소비자들을 만족시키도록 유지시켜 준다.

맥주를 마시는 사람들은 EDTA가 맥주의 두가지 문제를 해결해 준 것을 잘 알고 있을 것이다. 그중 하나는 〈低溫混濁〉이고 또하나는 〈가스噴出〉이다. 흔히 麥芽에서 유래하는 미량의 철분을 금속제지제로 제거함으로써 가스의 분출, 즉 맥주병을 열었을 때 2산화탄소가 갑자기 격렬하게 방출하는 것을 방지할 수 있다. 저온혼탁은 미량의 구리가 맥아 중의 단백질과 반응하는 결과로 나타나는 것인데 EDTA는 그 자체가 어떤 맛을 맥주에 가하는 일 없이 역시 이러한 현상을 방지할 수 있다.

식품첨가물로서 쓰이는 EDTA는 또한 어린이들의 납中毒을 치료하는 데도 매우 성공적으로 쓰이고 있다. 이것은 납을 제거해서 오줌으로 배설시킨다.

표 11은 가공식품에서 흔히 사용되고 있는 여섯 종류의 금속제지제를 보인 것이다.

〔표 11〕식품에 쓰이는 금속제지제

시트르산	페퍼리지 팜社의 냉동사과 턴오버, 켈로그社의 팝 타츠, 캠벨社의 감자수프 크림, 마이-T-파인標 레몬 맛을 낸 파
시트르산나트륨	이 필링제너럴 푸드社 탱
시트르산칼륨	버즈 아이 어웨이크
인산 1 수소나트륨	첼튼 하우스社의 인스탄트 양파 칩 딥
칼슘 2 나트륨 EDTA	메이오네트標 저칼로리 인조 마요내즈, 패닝標 빵과 버터 피클, 보니크標 적포도주식초와 오일 드레싱
피로인산 테트라나 트륨	첼튼 하우스社의 인스탄트양파 칩 딥

酸添加劑와 알칼리添加劑

과일산들(이 이름은 이것들이 여러가지 과일에서 얻어지기 때문이다)은 예컨대 셔버트의 맛을 세게 하기 위해서 쓰일 뿐 아니라 프로쎄스 치즈나 치즈 스프레드(cheese spread)에 바람직한 결이나 신맛을 주기 위해서도 쓰인다. 이러한 경우로 다이-어트社의 人造殺菌프로쎄스 치즈 스프레드(Imitation Pasteurized Process Cheese Spread)에는 신맛을 내기 위해서 시트르산이 첨가되어 있다. 같은 화학물질이 같은 이유로 네스티(Nestea)社의 레몬맛을 낸 아이스티 믹스(ice tea mix)에 첨가돼 있다. 메이-버드 다이어트(May-Bud Diet)社의 스낵 피차 플레이버드 치즈 스프레드(Snack Pizza Flavored Cheese-Spread)는 신맛을 내기 위해서 초산을 사용하며 또한 프랭코-어메리컨(Franco-American)社는 이 회사제의 비프 그레이비(beef gravy)에 젖산을 첨가한다. 푸마르산(fumaric acid)은 특별히 수분흡수속도가 낮기 때문에 여러가지 粉末食品의 진열기간을 연장시키는 데 가치있는 성분이 되고 있다. 젤로사의 와일드 래스베리 젤라틴 디저트(Wild Raspberry Gelatin Dessert)는 이 푸마르산과 함께 역시 아디프산을 함유하고 있다. 아디프산은 젤라틴을 함유한 모든 제품에 과일맛을 보충하고 뛰어난 安定性을 주고 있다.

시트르산은 모든 산添加劑의 60%를 차지하고 있다. 이것은 모트(Mott)社의 AM 5 프루트 주스 드링크(AM 5 Fruit Juice Drink), 캠벨(Campbell)社의 감자 수프 크림(Cream of Potato Soup), 페퍼리지 팜(Pepperidge Farm)社의 냉동 애플 턴오버(Frozen Apple Turnover), 켈로그社의 폽 타츠, 그리고 마이-T-파인社의 레몬맛을 낸 파이 필링 등 광범위한 식품에 함유돼 있다. 그밖에 인산, 푸마르산, 말산, 아디프산, 타르타르산 및 젖산같은 산들이 여러가지 식품 속에서 발견되며 이러한 산들은 각각 특별한 성질을 갖고 있다. 예를 들면 어떤 산은 그 吸濕性(hygrosco-picity, 수분을 흡수하는 능력), 물에 대한 용해성의 難易, 맛의 强度 및 값 등을 바탕으로 해서 선택되거나 거부된다. 즉 시트르산이 물에 가장 잘 녹는다 할지라도 푸마르산이 더 값싸고 또한 더 높은 농도를 지니고 있으므로 바람직한 맛을 내는 데 그 필요량이 적어도 된다. 푸마르산은 또한 시트르산보다 흡수성이 적으므로 굳어지는 것이 문제가 되는 乾燥食品에 사용된다.

인산은 炭酸性의 쏘프트 드링크나 콜라에 즐겨 쓰이는데, 이것은 인산이 이러한 음료에 가장 효과적으로 맛을 높이고 또 예리하게 빨리 작용하는 신맛을 지니고 있기 때문이다. 타르타르산의 센 신맛은 과일맛을 증대시키는 데 이상적이다. 이것은 포도나 라임맛을 내는 음료, 잼, 젤리 및 캔디 등에 광범위하게 쓰인다. 타르타르산과 시트르산의 혼합물은 흔히 굳은 캔디류에 신 사과맛이나 야생버찌와 그밖의 특별한 신맛을 내도록 하기 위해 쓰이고 있다.

여러가지 제품에 이름이 점점 더 많이 나타나고 있는 것은 아디프산이다. 아디프산은 시트르산보다 흡수성이 적고, 더 부드러운 맛을 지니고 있으므로 젤로社의 1-2-3 디저트 믹스, 첼튼 하우스社의 인스탄트 양파 칩 딥, 그밖의 드라이 믹스(dry mix)와 같은 젤라틴 디저트류에 좋은 효과를 내기 위해서 쓰인다. 이미 언급한 푸마르산과 마찬가지로 아디프산은 젤라틴이 함유돼 있는 여러가지 혼합물을 안정하게 하며 수분흡수속도가 낮기 때문에 분말제품의 수명을 연장시키는 데도 도움을 준다.

소비자를 낯설은 화학명으로 말미암아 놀라게 할 위험이 없도록 많은 식품제조업자들은 이러한 산첨가제를 〈과일산〉이라는 이름 아래 간단히 총괄적으로 취급한다. 표 12에

[표 12] 과일이나 야채에 천연으로 존재하는 유기산

산	화학식	산 물
말 산	$C_4H_6O_5$	사과, 버찌, 플럼(건포도), 콜리플라워
시트르산	$C_6H_8O_7$	살구, 바나나, 레몬, 리마, 빈(콩)
옥 살 산	$C_4H_8O_8$	밤(sorrel), 大黃根(rhubarb) 살구, 블루베리
다르타르산	$C_4H_6O_6$	포도, 사과, 버찌
벤 조 산	$C_6H_5CO_2HC_7H_6O_2$	크랜베리, 벤조인, 뻬루 및 똘루발삼
숙 신 산	$C_4H_6O_4$	건포도, 크랜베리
퀴 닌 산	$C_6H_{12}O_7$	크랜베리, 당근잎, 퀴닌, 배
이소시트르산	$C_6H_8O_7$	블루베리
푸 마 르 산	$C_4H_4O_4$	구즈베리, 사과, 수박

이러한 몇가지 과일산을 적었다.

이제까지 언급한 것과는 반대로 식품이 지나치게 산성이 되는 것을 방지하기 위해서 알칼리류가 쓰이고 있다. 경험에 의하면 산성을 조절하는 것은 역시 맛을 개선하고 수명을 연장시킨다는 것이 알려져 있다.

광범위하게 이용되는 알칼리류에는 탄산수소암모늄(모튼社의 냉동 코코넛 크림 파이와 마찬가지로 이 회사제의 냉동 초콜릿 에클레어 속에서도 발견된다), 탄산나트륨 및 탄산칼슘 등이 있다. 이들 화합물은 포도주의 산성을 감소시키는 데 쓰이고 또한 통조림한 완두콩이나 올리브 및 그 밖의 다른 제품의 산성을 조절하는 데 쓰인다.

多價알코올

가장 冷淡한 소비자라 할지라도 레테르에 있는 〈多價알코올〉(polyhydric alcohol)이라는 단어를 읽고는 반드시 다시 생각하게 될 것이다. 이것은 단순히 가정요리의 모습을 떠오르게 하는 그러한 용어가 아니다. 다행히도 이러한 표

시는 식품의 레테르에서 찾아볼 수 없다. 어쨌든 이러한
화학약품들은 이것들의 터무니없는 이름과는 달리 매우 溫
和한 기능을 나타내고 있다.

유기화학자들은 다가알코올류를 글리세린〔glycerin, 글리
세롤(glycerol)〕, 만니톨(mannitol), 소르비톨(sorbitol) 및
프로필렌 글리콜(propylene glycol)로 분류하고 있으나 이것
들은 하나의 공통된 성질을 지니고 있다. 즉 이 다가알코올
들은 각각의 분자 중에 한개 이상의 機能基를 갖고 있다는
점이다. 이 기능기는 히드록시기 즉 OH기인 것이다.

간단한 알코올류는 1차 · 2차 · 3차알코올로 분류한다.
에틸 알코올과 같은 1차알코올은 〈酒類〉*(booze)의 중요
한 성분인데 히드록시기(수산기)가 다른 탄소원자 한개와
결합된 탄소원자와 결합되고 있다.

마찬가지로 2차알코올 및 3차알코올도 오직 한개의
OH기능기를 갖고 있다. 한편 다가알코올 즉 폴리올류
(polyol)는 (〈폴리〉라는 것이 암시하는 바와 같이) 두개 이
상의 OH기능기를 갖고 있다. 실제로 다가알코올은 적어
도 세개의 OH를 갖고 있다.

네 종류의 다가알코올은 공통적으로 쉽게 물을 흡수하여
이 수분을 유지할 능력(즉 화학용어로는 吸濕性)을 갖고
있으므로 많은 식품에 수분을 유지시키기 위해 첨가된다.

많은 다가알코올이 있으나 이 네가지 다가알코올만이 직
접적인 식품첨가물로서 허가되고 있다. 프로필렌 글리콜을
제외하고는 모두가 자연계에서 발견될 수 있다. 글리세린
은 고기나 야채 속에 지방산분자와 결합해서 자연적으로
존재하지만 이것은 비누공업의 중요한 副産物로 다량으로

---

* 〈부즈〉 또는 위스키에 관해서 아는 것은 아마 매우 흥미있을 것
이다. 1860년대에 酒類販賣業者 부즈(E.G. Booz)가 통나무 오두
막의 모양으로 많은 위스키병을 만든 데서 유래한 別名이다. 이들
병은 부즈병이라 알려졌는데 드디어 얼마 안가서 위스키가 부즈
로 알려지게 됐다.

얻어진다. 글리세린의 분자식은 $C_3H_8O_3$이며 그 구조식은 다음과 같다.

$$H-\overset{\displaystyle CH_2OH}{\underset{\displaystyle CH_2OH}{C}}-OH$$

소르비톨은 배, 사과, 딸기 등에 존재하며 그 분자식은 $C_6H_{14}O_6$로서 마가목 즉 소르부스 아우쿠파리아(*Sorbus aucuparia*)의 숙성한 열매에서 처음으로 분리됐다. 소르비톨의 구조식은 다음과 같다.

$$
\begin{array}{c}
CH_2OH \\
| \\
H-C-OH \\
| \\
OH-C-H \\
| \\
H-C-OH \\
| \\
H-C-OH \\
| \\
CH_2OH
\end{array}
$$

천연산물에서 얻었거나 실험실에서 만들었거나 이러한 화학물질들은 가공식품이 포장되어 食用으로 제공되기까지의 몇週 동안 또는 몇개월 동안 이 식품들의 본래의 상태를 유지시키기 위해서 첨가한다.

이들의 농도와 다른 성분과의 관계에 따라서 프로필렌 글리콜은 濕潤劑 즉 수분을 유지시키는 데 도움을 주는 것으로 작용할 수 있다. 이것의 존재는 마쉬맬로우(marsh-mallow)나 조각 코코넛이 이러한 습윤제를 사용했을 때 왜 곧바로 건조돼 버리지 않는가를 설명해 준다. 같은 이유로 프로필렌 글리콜은 양파나 마늘냄새 나는 크루똥*(crouton)에 첨가된다.

글리콜도 또한 軟化劑로서 작용한다. 이것은 단맛을 조

---

* 역자주 : 버터로 튀긴 빵조각으로 수프에 띄운다.

106

절하고 粘性을 증가시키거나 다른 물질이 용해되기 쉽도록 그 작용을 돕는다. 예를 들면 첼튼 하우스社의 인스탄트 양파 칩 딥은 프로필렌 글리콜에 갈산프로필을 가한 것을 지니고 있다. 갈산프로필은 일종의 酸化防止劑로서 프로필렌 글리콜의 溶媒作用을 필요로 한다. 켈로그社의 폽 타츠는 이러한 이유로 이 두가지 화학약품을 사용한다.

　소르비톨의 가장 흥미있는 효과 중의 하나는 어떤 종류의 캔디, 특히 초콜릿 펀던트 퍼지*(chocolate fundant fudge), 페퍼민트 패티**(peppermint patty) 등에 독특한 굳기를 준다. 이러한 과자들은 높은 소르비톨含量 때문에 高濃度의 설탕이 부분적으로 結晶化하게 되고 따라서 비교적 연하고 씹기 좋은 상태가 된다.

---

* 역자주 : 입 속에서 녹는 밀크 초콜릿으로 만든 당과.
** 역자주 : 박하를 넣은 작은 파이.

Ⅳ 장

식품첨가물은 얼마나 안전한가?

「人生은 짧고 醫術은 길다. 機會는 눈 깜짝할 사이에
지나가고 經驗은 믿을 수 없으며 判斷은 어렵다.」

히포크라테스

「자연의 創造者가 우리에게 부여한 生命을 조심스럽
게 간직해야 한다. 왜냐하면 그 생명은 쓸데없는 선물
이 아니기 때문이다.」

하비 W. 와일리

1902 년 하비 W. 와일리*(Harvey W. Wiley, 1884 - 1930)
가 〈와일리박사의 毒物班〉(Dr. Wiley's Poison Squad)이라
고 알려진 팀을 설립했다(그림 12 참조). 議會의 법률에
의해서 이 班은 「食品防腐劑, 착색제 및 식품에 첨가하는
그밖의 물질의 성질을 조사하고 이것의 消化와 건강과의
관계를 결정하고, 사용시의 指導原理를 확립하는 권한을
農務長官으로부터 받기 위해서」 창설됐다.

이 반의 지원자는 農務省직원 중에서 모집됐다. 와일리
는 뒤에 다음과 같이 적고 있다. 『나는 젊고 건강해서 다
른 것을 혼합한 식품의 유독한 영향에 대해서 최고의 저
항력을 나타내는 사람들을 원했다.…… 만약 그들이 일정
기간 (지정하지 않고) 이러한 물질을 먹은 다음 障害症狀
을 보였다고 하면 이들보다 더 感受性이 예민한 어린이나

* 와일리는 食品醫藥品局 初代局長으로서 1906년의 純粹食品醫藥
品法(Pure Food and Drug Act) 制定時 議會를 움직이는 데 중요
한 책임을 다한 사람이다.

〔그림 12〕 와일리박사(중앙)와 그의 독물반이 식사하는 모습.

노인들에게서는 같은 원인으로 더 많은 환자가 생길 것임을 미루어 생각할 수 있다.』

　12명의 건강한 남자들이 1년 동안의 실험에 지원했다. 이들은 식사시간에 농무성의 부엌에서 제공된 것만을 먹고 마시며 보통 때와 같은 일을 그대로 계속하고 평상시의 睡眠量을 취할 것을 서약했다.

　지원자중 6명에게는 정상적인 식사에 당시 가장 널리 식품방부제로 사용됐던 붕산을 첨가한 것이 제공됐다. 나머지 6명에게는 붕산나트륨(붕사)을 첨가한 것이 제공됐다. 실험이 끝났을 때 와일리는 농무성의 公報(Bulletin) 84호에 다음과 같이 적었다. 「붕산이나 붕사(붕산나트륨) 두가지가 모두 소량을 장기간 계속적으로 투여했을 경우나 또는 다량을 단기간에 투여했을 경우 食欲, 소화, 건강에 장해를 일으켰다.」 이러한 그의 결론은 빈번히 거듭했던 身體檢査와 각 사람에게 제공한 식품과 그들의 排泄物과의 비교에 기초한 것이었다.

　와일리에게 불행한 것은 각 器官의 검사를 하지 않았고

糞尿의 실험실 분석이 극도로 한정됐다는 점이다. 따라서 비교적 조잡한 측정을 했던 것에 지나지 않았다.

이러한 발견이 발표되기 전에 어떤 신문기자가 이 毒物班의 활동에 관한 이야기를 조사해서 봉사가 지원자들을 매우 아름다운 핑크색의 顔色으로 만드는 것을 와일리박사가 발견했다고 썼다. 그러나 이 기자는 이들중 대부분이 酷寒의 아침인데도 활기있게 일하러 간 것에 대해서는 언급하지 않았다. 이러한 이야기가 잘못 알려진 다음에 와일리박사는 미국 전역에 있는 남녀들로부터 수없이 많은 편지를 받았는데 그 내용은 이러한 바람직한 美容效果를 얻기 위해서는 어느만큼의 봉사를 사용해야 하는가 하는 질문이 담긴 것이었다.

이러한 사정은 오늘날에도 거의 변하지 않은 것 같다. 신문기자들은 지금까지도 연구실의 실험에 관해서 흔히 자신들이 보다 脚色해서 쓰기를 좋아하며 일반인들은 비록 근거가 빈약한 것이라 할지라도 印刷된 것은 어느 것이나 쉽게 믿고 사용하려고 한다.

와일리의 시대로부터 약 70년이 지나는 동안 분석방법이 고도의 정밀성을 지니게 됐으며 組織과 細胞에 관한 우리의 화학적 지식이 크게 증가했다. 몇가지 생리적 반응에 관해서는 계속 해명돼야 하지만 오늘날 식품첨가물의 시험은 하비 와일리박사가 상상했던 것보다 훨씬 복잡미묘하다.

음식을 먹는 것과 醫藥品을 복용하는 것은 별개의 일이다. 의약품은 질병의 증상에 대항하는 능력을 이용해서 특별히 사용되는 것임을 알아야 한다. 이러한 목적으로 의약품은 바람직한 생물학적인 效果를 거둘 수 있는 수준의 양을 사용하며 또한 어떤 유독한 副作用이 일어날는지도 모른다는 예비지식과 양해 아래 이것을 허용하게 된다. 그러나 식품첨가물은 이러한 성격을 조금도 갖고 있지

110

않다.

이와는 對照的으로 식품첨가물은 가공과정의 어느 시점에서 식품에 첨가하게 된다. 이것들은 가공과정의 나중 단계에서 없어지거나 變形될는지도 모르며 또는 식품 중의 다른 화학물질과 반응해서 완전히 새로운 물질을 형성하는지도 모른다. 따라서 식품첨가물 自體를 시험하는 것만으로는 충분치 못하다. 중요한 것은 이들 첨가물이 소비자들에게 도달했을 때의 형태로 시험하는 일이다. 그러나 여기에는 더우기 인간의 식욕, 나이, 성별, 건강상태 등의 다양성이 있다.

한 세대의 毒物學者, 生化學者, 藥學者 및 食品科學者들을 괴롭힌 문제 — 이것은 오늘날에도 마찬가지로 계속되고 있다 — 는 우리가 먹는 화학물질의 안전성을 평가하는데 가장 좋은 방법은 어떤 것인가 하는 것이다. 오늘날 최선의 해답은 여러 종류의 실험동물을 실험해서 결과를 인간에의 영향으로 外揷하는 것이다.

1906년의 純粹食品醫藥品法은 우리의 식품공급이 안전해야 한다는 것을 요구하고 있다. 이 법률은 식품에 첨가되는 물질(화학물질)은 단지 다음 두가지 조건에 따를 때에만 허가된다고 지적하고 있다. 즉 이들 물질이 인간이 소비할 때 안전해야 하고 또한 이들 물질이 유익한 목적에 쓰여야만 한다는 것이다. 1938년 개정된 식품의약품화장품법(Food, Drug and Cosmetic Act)은 정부에 단속을 강화하는 권한을 부여했으나 이것은 한가지 본질적인 약점을 지니고 있었다. 즉 식품의약품국은 有害物質에 法的 措處를 강구하기 전에 有害成分의 존재를 입증하지 않으면 안되기 때문이다. 이러한 점에서 22년 동안 식품가공업자들과 FDA (Food and Drug Administration)는 점짓 〈순경과 강도〉역을 연출했으며 빈번히 일어난 일이지만 일반인들은 이 틈바구니에 끼이는 꼴이 됐다. 가공업자들은 한

111

가지 첨가물이나 다른 것을 슬며시 접어넣고 FDA의 연구자들이 그 화학물질의 안전을 증명하거나 또는 부정할 때까지 그 제품의 판매를 계속할 수 있었다. 1960년의 着色添加物改正法(Color Additive Amendment)은 제조업자들이 FDA가 첨가물의 안전을 입증할 때까지는 어떠한 식품에도 화학물질을 합법적으로 사용해서는 안된다는 것을 명령함으로써 이러한 어처구니없는 일에 종지부를 찍었다.

그 결과 FDA는 그때까지 사용되고 있던 모든 첨가물에 즉시 어떤 결정을 내려야만 했다. 그들은 모든 첨가물에 대해서 말하자면 〈公知의 事實〉(grandfather clause)이라는 생각 아래 사용을 시인하거나 또는 하나하나가 안전하다고 입증되기까지 어떤 화학약품에 대해서도 승인을 거부하든가 할 수 있었다. 결과적인 절충안으로 FDA는 그들의 리스트 중에서 687종의 화학물질을 골라내서 이것을 「일반적으로 안전하다고 인정된다」(generally recognized as safe (GRAS)]고 해서 사용을 허가했다. 이 GRAS 리스트 중에는 오랜 역사를 통해 안전하게 사용돼 왔던 첨가물로서 식염, 후추, 식초, 베이킹 파우더, MSG, 아스코르브산, 에리토르브산, 겨자 그밖의 것 등이 포함돼 있다.

無營養甘味料인 싸이클러메이트는 일반적인 사용에서 삭제한다는 최근의 결정이 있기까지는 이 리스트에 포함돼 있었다. 또한 50년에 걸쳐 널리 사용된 사카린은 아직 GRAS 품목에 남아 있으나 현재 안전성에 대한 시험이 진행되고 있다.

1969년 10월 30일에 닉슨(Richard Milhous Nixon, 1913-)대통령은 소비자에 대한 聲明에서 일반적으로 안전하다고 인정된 물질, 1958년 식품첨가물개정법에서도 안전하다고 인정된 물질을 제외하고는 충분히 再調査하고 필요하

112

다면 소비자들의 완전한 안전을 확보하기 위해서 법률을 개정해야 한다고 지적했다.

FDA의 과학위원회 (Commission for Science)부위원장 데일 R. 린지(Dale R. Lindsay)는 다음과 같이 지적하고 있다. 「이 성명은 GRAS 리스트에 있는 하나하나의 물질에 대해서 즉시 동물에의 急性 및 慢性的인 영향에 관한 연구를 개시할 것을 명령한 것으로 해석된다.」 그는 FDA에 제공된 한정된 시설에 관해서 「命令의 유무에 관계없이 이러한 작업은 불가능하다.」고 계속해서 말했다. 그는 이에 덧붙여 다음과 같이 지적했다. 「이들 많은 화학물질 또는 이제까지의 사용법에 관한 안전성에 의문이 생긴다 해도 사람들을 납득시킬 만한 이유는 아무 것도 없다. 이러한 것을 시험하는 데 필요한 예산이 적으므로 이것을 정당화시킬 수 없다.」

명백한 것은 현재의 意圖는 GRAS 리스트를 무시하는 것이 아니고 선택된 몇가지 품목에 대해서 시험의 優先權을 설정하는 데 있다. 사카린과 글루탐산나트륨에 最優先權이 부여됐다. 왜냐하면 GRAS 리스트에 실린 모든 것에 대해서 인간의 사용에 대한 藥效와 안전성을 엄밀하게 확립하기 위한 동물시험은 수백년이란 오랜 기간이 걸리기 때문이며 이 리스트는 毒物學者나 藥學者들에 의해 적당하다고 생각된 실험실의 시험에 의해서 평가를 받게 된다.

意圖的으로 가한 대부분의 식품첨가물〔섞음질 (adulterant)을 한 것과 혼돈해서는 안된다〕은 원래 유해한 것은 아니라고 말해도 무방하다. 이들 첨가물은 식품 중에 극도로 적은 양만 사용되므로 그 첨가물이 유해한 효과를 나타내게 하기 위해서는 한꺼번에 막대한 양을 섭취해야 하기 때문이다. 그러나 식품과학자들의 머리 위에 걸린 〈칼〉은 이 매우 적은 양의 첨가물을 오랫동안 섭취하는 경우 그 결과가 불확실하다는 점이다. 소비자들을 직접 관찰하는 것은 불가능하기 때문에 보통 시험은 여러가지 종류의 동물에 행하게 된다. 즉 생쥐, 쥐, 토끼, 모르모트(guinea pig), 개, 고양이 및 원숭이가 사용된다. 동물에 대한 사료시험은 보통 短期 또는 長期의 두가지로 나누어 수행되는데(장기시험인 경우는 보통 동물의 일생에 걸쳐 하게 된다) 실험동물의 사료에 넣는 첨가물의 양은 인간의 식품에 쓰이는 양에 비해 매우 많다. 이 결과를 인간에 적용해서 생각하면 일반적인 규정으로는 그 첨가물의 양이 인간의 식품에 쓰이는 경우보다 적어도 100배 이상의 양으로서도 실험동물에 어떠한 유해한 생리학상의 효과를 가져오지 않을 때에만 이것이 안전하다고 결정된다.

첨가물의 체계적인 시험을 위한 움직임은 1943년의 FDA보고서*의 출판을 계기로 시작됐다. 연구자들은 「有害物質에의 노출이 증가하는 것은 現代文明의 결과이다.」라고 말하고 이어 다음과 같이 제안하고 있다. 「이러한 유해물질에 노출되는 결과 일어나는 急性 및 漫性 중독문제를 보다더 잘 이해하기 위해서는 잘 통제된 독물학적 연구를 수행하는 것이 필요하다.」 그리고 또한 「急性·準急性 및 漫性중독을 일으키는 양은 여러가지 종별의 동물에 대해서 정확하게 결정돼야만 한다.」 그들의 보고는 현재의 연구에 기초해서 시험에 몇가지 수정과 확장을 가해야 한다는 제안을 포함하고 있다. 표 13과 표 14는 그들의 보고서에 포함돼 있는 기본적인 문제에 대한 최근의 견해를 나타내고 있다.

약 25년 후에 世界保健機構는 이와같은 문제를 세계적인 규모로 검토하기 위해서 國際專門家會議를 소집했다. 「意圖的 또는 非意圖的 식품첨가물의 調査方法」에 관한 보

---

* 제프리 우더드(Geoffrey Woodard), 허버트 G. 켈베리(Herbert G. Calvery), 「急性 또는 慢性中毒 — 公衆保健의 觀點」(Acute and Chronic Toxicity: Public Health Aspects), 《産業醫學》(*Industrial Medicine*), **12**, 55 - 59, 1943.

〔표 13〕 毒物試驗에서 이행해야 할 일반적인 調査項目

Ⅰ. 급성시험(1회 投與)
  A. LD$_{50}$의 결정(24시간 검사와 생존한 것의 7일 동안의 追跡)
    1. 두 종류의 동물(하나는 齧齒類 이외의 것)
    2. 두가지 투약루트(한쪽이 局部的 접촉이면 다른 쪽은 의도
      적인 사용루트)
Ⅱ. 中期시험(매일 투여)
  A. 계속 기간 — 3개월
  B. 두 종류의 동물(보통 쥐와 개)
  C. 3단계의 투여수준
  D. 의도적인 사용을 통한 투약루트
  E. 건강상태의 평가
    1. 매주 모든 動物의 무게측정
    2. 매주 완전한 身體檢査
    3. 혈액의 화학분석* 오줌검사, 血液검사,** 병에 걸린 모든
      동물의 기능검사
  F. 높은 수준으로 투여한 동물은 對照群과 동일하게 모든 器官
    의 조직학적 검사를 포함한 완전한 해부를 필요로 한다.
Ⅲ. 만성시험(매일 투여)
  A. 계속기간 — 1~2년
  B. 동물의 종류 — 앞의 중기시험의 결과로부터 선택한다. 몇
    종류의 동물에 관해서 動物藥學的 연구를 하고, 가능하면 인
    간에 대해서 1회만의 투여 연구를 한다. 그렇지 않으면 두 종
    류의 동물(하나는 설치류 이외)에 관해서 한다.
  C. 3단계의 투여수준
  D. 의도적인 사용을 통한 투약루트
  E. 건강상태의 평가
    1. 매주 모든 동물의 무게측정
    2. 매주 완전한 신체검사
    3. 혈액의 화학분석, 오줌검사, 혈액검사. 6개월 간격으로
      모든 동물의 기능검사와 병에 걸렸거나 異常이 보이는 모
      든 동물의 기능검사
  F. 높은 수준으로 투여한 동물의 대조군과 동일하게 모든 기관
    의 조직학적 검사를 포함하여 완전히 해부를 필요로 한다.

---

* 혈액화학분석은 나트륨, 칼륨, 혈액요소질소, 글루코스를 포함한
다.
** 혈액검사는 혈액(hematocrit), 적혈구 총수, 백혈구 총수 및 特異
백혈구 수, 血小板 수를 포함한다.

Ⅳ. 특별시험
  A. 다른 화학물질과의 관계
  B. 生殖能力에의 영향
  C. 畸型發生의 연구
  D. 암발생의 연구
  오줌검사
    pH 와 比重
    단백질
    포도당
    케톤
    결정
    血球
    박테리아
  器官機能試驗
    브롬술팔레인 分泌閉上(肝기능)
    血清알칼리 인산가수분해효소(간기능)
    SGOT-혈청글루탐옥살아미노기 전달효소(심장기능)

고서 속에서 다음과 같은 점을 지적하고 있다. 『여기에 관련하여 毒物學은 세가지 특별한 관점에 관해서 고찰해야한다. 첫째 인간의 반응을 예측하기 위한 연구에서 가장 적절한 동물의 종류를 선택하는 일, 둘째 가장 感受性이 강한 종류의 동물에 나타나는 특수한 효과가 인간에게도 중대한 장해를 일으키는가의 여부를 결정하는 데 필요한 조사, 세째 인간에 대한 특별한 효과에 관한 연구이다.』

결국 이 세가지 기본적인 시험이 주어진 화학물질의 인간에 대한 독작용을 검출할 목적으로 실험동물에 대해서 행해지게 된다. 이러한 시험은 그 시험기간에 따라서 근본적으로 달라진다. 急性시험은 첨가물을 단 한번에 대량으로 투여해야 한다. 中期시험 또는 準漫性시험은 적어도 3개월은 계속되며 이 기간, 적어도 하루에 한번은 첨가물이 飼料중에 포함된다. 만성시험, 장기시험 또는 延漫연구에서는 실험동물에게 1～2년 동안 또는 그 동물의 일생을 통해서 매일 첨가물이 함유된 사료를 주게 된다.

116

[표 14] 毒物시험 중인 동물에서 발견되는 病狀과 症狀

病狀*
시험자에 대한 공격적 태도
근육운동상태의 변화
심장의 속도와 리듬의 변화
카타토니아(catatonia, 知覺喪失 또는 흥분상태)
昏睡상태
경련
마비
瞳孔의 크기의 변화
고통에 대한 감수성
피부의 손상
角膜의 불투명(corneal opacities)
위치반사
표면반사
把握반사
死亡
　　症狀**
異常排泄物
탐험적 행동
비활동성
경련, 무의식적 행동
呼吸곤란(숨결이 짧아진다)
鎭靜(침착)
眼振(眼球의 무의식적인 급격한 운동)
시아노시스(cyanosis)
流涎症 (침흘리기)
鼻汁의 分泌
毛髮의 直立(piloerection)
發聲(시끄러운 소리를 냄)
정상적이 아닌 자세
정상적이 아닌 꼬리의 위치

이미 언급한 것 같이 식품첨가물은 의약품이 아니므로 보통 의약품과 같은 방법으로 시험되는 것은 아니다. 의약품은 주사, 그밖의 몇가지 경로에 의해서 시험되는데(표 15

---

* 病狀(sigus)은 신체검사 또는 임상검사에서 흔히 발견되는 것
** 症狀(symptoms)은 관찰하기만 해도 곧 알 수 있는 것

〔표 15〕 投藥*루트(parenteral routs of administration)

루트	임상용어
피하	subcutaneous
피부속	intradermal
근육속	intramuscular
정맥속	intravenous
척추속	intrathecal
동맥속	intraarterial
흉부속	intrapleural
복부속	intraperitoneal
세포속	intracellular

참조) 첨가물은 반드시 입을 통해서 투여해야만 한다. 음식물은 입 속에서 소화가 시작되는데 이것이 위에 들어가고 작은 창자에 들어간다. 이리하여 작은 창자(12 指腸, 空腸, 回腸)에서 흡수되고 혈관을 통해 全身에 분배된다.

과학자들을 괴롭히는 것은 첨가물을 직접 배에 주사하거나 또는 작은 알약 모양의 첨가물을 外科的으로 膀胱이나 그밖의 기관에 삽입했을 경우에 얻어지는 결과를 어떻게 해석하느냐 하는 점이다. 이러한 실험은 매우 빈번하게 이상한 결과를 초래하는데 이 결과가 인간에게 합리적으로 적용될 수는 없다.

急性中毒試驗

급성시험의 목적은 한꺼번에 높은 농도의 첨가물을 투여했을 때의 결과를 빨리 측정하기 위한 것이다. 0에서 시작해서 현저한 결과를 초래할 만한 양의 적어도 네가지 농도의 첨가물이 한 그룹의 동물에게 투여된다. 보통 對照群은 쓰이지 않으며 生理的 효과의 종류와 범위를 결정하기

---

* 주사기와 針에 의한 접종이 필요하다.

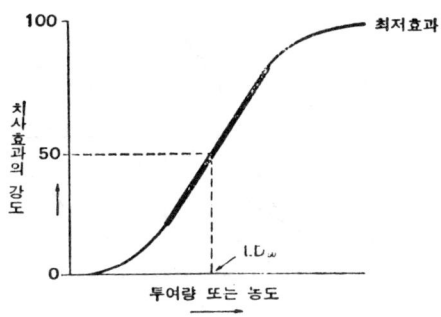

〔그림 13〕 한 무리의 동물에 첨가물이 포함된 사료를 주었을 때의 假想的인 投與 - 反應曲線

위한 解剖도 하지 않는다. 그러나 실험동물에 나타난 증상을 면밀하게 조사함으로써 조사원은 그 물질이 어느 부분에서 어느정도의 영향을 주었는가 하는 결론에 도달할 수 있게 된다(표 14의 병상과 증상 참조). 또한 급성시험에서는 연구자들은 LD_{50} 이라는 특별히 유익한 값을 동원한다. 이것은 연구에 쓰인 동물의 50%가 사망하는 致死量 (*lethal dose*)이라는 의미의 독물학자들의 기호이다. 이 값은 그림 13에 표시한 것 같은 투여 - 반응그래프를 그려서 얻는다.

연구에 쓰이는 동물의 절반이 사망한다고 생각되는 첨가물의 농도를 고르면 S字 모양의 곡선이 얻어진다. LD_{50} 의 값이 결정되면 연구자들은 이 곡선의 傾斜角을 비교함으로써 어떤 화학물질과 다른 화학물질의 毒性*을 비교할 수 있게 된다. 그림 14는 네 종류의 假想的인 첨가물을 투여했을 때의 결과를 그린 것인데 이것을 보면 알 수 있는 것

---

* 독성이라는 용어는 여러번 쓰였으므로 아마 정의를 내릴 필요가 있을 것 같다. 독성이란 어떤 물질이 장해나 위험을 일으키는 능력을 말하는데 더 광범위한 정의로는 어떤 화학물질을 제안된 방법과 양에 따라 사용했을 때 그 결과로 말미암아 장해가 일어날는지도 모른다는 가능성을 말한다.

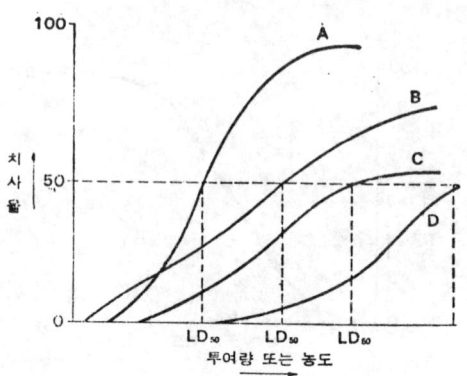

〔그림 14〕 한 무리의 동물에 첨가물이 포함한 사료를 네 종
류 투여했을 때의 투여 - 반응곡선

같이 곡선의 경사가 심하면 심할수록 그 화학약품은 강력
하다. 곡선 D는 네 종류 중에서 가장 약한 것을 나타낸다.
분명히 투여와 반응곡선의 경사는 여러 종류의 물질을 비
교할 때 얻어지는 가장 중요한 값이다.

수많은 사람들의 업적이 쌓이고 쌓여서 과학이 진보했
지만 저자는 1927년 웰캄生理學硏究所(Wellcome Physiolo-
gical Research Laboratories, 영국)의 J. W. 트레번(J. W.
Trevan)이 LD_{50}의 개념을 발전시켰다 해도 과언이 아니라
고 믿고 있다. 그는 매우 많은 개구리에 관해 연구함으로
써 급성시험에 많은 동물을 사용하지 않으면 정확한 결과
를 얻을 수 없다는 것을 명확히 했다. 많은 동물에 관해서
시험한 경우에만 어떤 종류의 個體에 따라 달라지는 광범
위하고 다양한 반응의 평균을 얻을 수 있다. 따라서 오늘
날 급성시험은 흔히 네 종류의 투여수준 하나하나에 대해
적어도 30~40 마리의 동물이 쓰이고 있다.

LD_{50}의 데이터는 첨가물의 실제의 안전성을 평가하는 데
에는 가치가 있는 것이 아니지만 중기 및 만성시험에 쓰이
는 첨가물의 농도수준을 결정하는 데 도움이 되고 또한 첨
가물이 실험동물에 미치는 생물학적 효과에 관한 몇 가지

指標를 제공해 준다.

中期 또는 準急性硏究

급성시험에 식품첨가물을 1회만 투여하는 것은 인간이 경험하는 것과는 매우 동떨어진다. 어떠한 경우에도 음식물을 1회만 먹는 일이란 거의 없기 때문이다. 따라서 중기시험은 첨가물이 인간의 소비에 쓰이는 경우와 비슷한 조건 아래서 이루어진다. 이러한 시험은 적어도 3개월*은 계속돼야 하며 두 종류의 동물, 보통 쥐와 개를 대상으로 한다. 왜냐하면 어떠한 화학물질도 흔히 같은 種 사이 또는 다른 종 사이에 반응이 광범위한 차이를 보이기 때문이다.

중기시험은 적어도 네개의 그룹의 동물에 대해서 계속된다. 각각의 그룹은 같은 종류의 동물, 적어도 숫놈 10마리, 암놈 10마리로 구성돼 있다. 그중 한 그룹은 對照그룹으로서 첨가물을 전혀 투여하지 않는다. 제2그룹은 흔히 인간의 식품에 쓰인다고 생각되는 양의 10배 이상의 첨가물이 투여된다. 제3그룹은 제2와 제4그룹의 중간량이 투여된다. 제4그룹은 급성시험의 LD_{50}에 의해서 결정되는 것 같은 동물이 견딜 수 있는 최고의 양이 투여된다.

시험동물은 모두 건강한 종류여야 하며 이 동물들은 온도, 습도, 조명 및 청결 등이 엄격하게 관리된 환경 아래서 사육돼야 한다. 더우기 모든 동물은 적어도 시험을 시작하기 전 2주일 동안 주의깊게 관찰하여 연구자들이 이 동물의 정상적인 신체상태 아래서의 정상적인 행동을 기록할 수 있도록 헤야 한다.

---

* 1959년 NAS-NRC의 食品保護委員會(Food Protection Committee of the National Academy of Science – National Research Council)는 「90일 이하의 시험으로는 거의 가치가 없다.」는 견해를 밝혔다.

일단 시험이 시작되면 실험동물을 관찰하고 매주 체중을 재야 한다. 식품과 물이 충분히 소비됐는가 또는 배설물이 정상적인가 또는 그렇지 않은가를 명백히 하기 위해 사육상자(cage)를 검사해야 한다. 대조그룹을 포함한 모든 그룹에 관해서 증상을 정확히 기록해야 한다. 연구과정에서 죽은 동물을 해부해서 간장, 지라, 콩팥, 이자, 副腎, 심장, 뇌, 골수, 生殖器官 및 그밖의 기관의 조직에 대해서 현미경적 검사를 해야 한다. 만약 검사의 결과 어떤 다른 조직에 이상이 보이면 이것도 역시 현미경으로 검사해야 한다.

이러한 연구과정에서 수집된 데이터는 흔히 소비된 식품의 양이나 성장률, 체중, 혈액 및 오줌의 分析 또는 行動類型을 포함하게 된다.

연구가 끝나면 살아 남은 모든 동물을 죽여서 모든 조직을 완전히 해부한다. 이렇게 해서 얻은 데이터에서 첨가물이 매우 위험해서 그 이상의 실험을 할 정당한 이유가 없다든지, 또는 안전한 것으로 보이지만 더 시험을 해야 한다든가 하는 것을 결정해야 한다.

이 중기시험은 시험에 쓰인 동물의 수효와 質 및 상세한 관찰이 필요하다는 점을 고려하면 비용이 매우 많이 든다는 것을 쉽게 이해할 수 있을 것이다.

漫性 · 長期 또는 延長試驗

만성시험은 단지 규모나 기간이 중기시험과 다를 뿐이다. 흔히 만성시험은 동물의 일생에 걸쳐 실시된다. 이 시험은 다음과 같은 가정을 기초로 하고 있다. 즉 사람이 일생동안 섭취하는 식품첨가물의 효과는 수명이 짧은 哺乳類(쥐의 경우에는 18〜24개월)의 일생에 걸친 사료시험이나 개나 원숭이의 1년 또는 그 이상의 사료시험 등과 비

교해서 이것보다 엄밀성이 적은 시험결과를 가지고는 예측
할 수 없다. 이러한 연구는 불확실하거나 또는 필요 이상
으로 몹시 힘드는 작업일지 모르겠으나 경험이라는 것이
그 이상의 **合理的인 다른 方法을** 제공해 주지는 않는 것이다. *(고
딕체는 저자)

높이 평가받고 있는 그들의 논문 「漫性中毒檢査에 쓰이
는 實驗的 方法 ― 한 批判的 見解」** 속에서 J.M. 반즈
(J.M. Barnes)와 F.A. 덴즈(F.A. Denz)는 동물의 사료연구
를 6개월 이상이나 계속했으나 쓸모있는 데이터는 거의
언지 못했다고 말하고 있다. 그들은 「2년 동안의 실험에
서 살아 남은 쓸모없는(허약한) 동물에서 도대체 어떤 정
보를 골라낼 수 있을 것인가？」라고 의문을 제기하고 있
다. 보통의 消耗率로도 2년 뒤에는 실험동물의 70～90%
를 잃어버린다. 따라서 만약 1회의 실험에 보통 10～20 마
리의 동물을 사용한다면 위와 같은 기간 뒤에는 2,3 마
리밖에 남지 않는다는 계산이 된다. 이것은 결론을 내리
는 데 충분한 통계적 샘플링(sampling)이라고 말할 수는
없다. 「만성중독 시험에는 많은 혼란과 모순이 있다.」그
들은 계속 다음과 같이 말하고 있다. 「이러한 혼란과 모순
은 齧齒類의 長壽法의 과학적 연구나 병리학자의 숙련,
경험, 그리고 偏見을 반영한 생존동물들의 병리학적 연구에
기초한 수많은 결론에서 야기된다.」

그러므로 그처럼 적은 수의 동물로 만성시험을 끝내
는 일이 없도록 현재의 法案에서는 적어도 각 性別마다 30
～40 마리의 쥐를 사용하고, 또 각각의 투여수준에 대해서
도 30～40 마리를 사용할 것을 제안하고 있다. 여기에서

---

* 1959년 12월에 제출된 국립연구심의회, 국립과학아카데미의 식품
  보호위원회의 보고서 「식품첨가물의 안전성을 평가하기 위한 원
  리와 방법」, p. 750에서 인용.
** 《藥理學리뷰》(*Pharmacological Reivew*), 6, 191 - 242, 1954.

다시 시간의 경과에 따른 정상적인 효과를 밝혀내고 시험 약품에 의해서 발생하는 효과와의 혼란을 없애기 위해서 대조그룹이 필요하게 된다. 물론 첨가물의 투여량은 모든 동물을 죽일 수 있는 양이어서는 안된다. 만약 이러한 일이 일어나면 결과는 무의미하므로 다시 시험해야 한다.

또한 시험에 쓰이는 동물의 종류가 깊이 관계되는 것은 당연하다. 실험동물이 건강하기는 하나 첨가물을 흡수하고 代謝하며 배설하는 능력이 인간과 크게 차이가 있는 동물에게 1년, 2년, 또는 그 이상을 소비한 사료시험을 해서 얻은 결과란 아주 적은 것이 사실이다. 따라서 연구자들은 가장 적합한 典型의 실험동물을 찾아내는 데는 상당한 시간이 필요하다고 믿고 있다.

첨가물의 투여시험은 離乳期 직후부터 시작돼서 적어도 1년반 동안 계속한다. 이 기간을 통해서 중기시험에서 수행되는 모든 관찰과 物理生化學的 시험이 기록된다. 그밖에 또 연구 중의 화학물질이 암발생, 생식기능, 돌연변이 등에 영향을 미칠 가능성을 결정하는 추가시험도 한다. 이러한 형태의 효과는 느리게 나타나므로 중기시험에서는 이것을 관찰할 수 없다.

만성시험을 완성하는 데는 데이터가 인간에게도 적용되는 것이라야 한다. 이러한 사실은 몇가지 곤란한 문제를 야기한다. 예를 들면 FDA에 의해서 소집된 자문위원회는 식품첨가물과 殘留殺虫劑의 안전성을 평가하는 여러가지 방법에 관해서 1년 이상 再檢討한 다음 이러한 장해를 평가하는 데는 3世代 再現 연구가 필요하다고 보고*하고 있다. 이 위원회는 낮은 수준의 살충제의 해로운 효과에

---

* 「食品醫藥品局 諮問委員會에서 마련한 安全性 評價를 위한 原案 —食品添加物 및 殘留殺虫劑의 안전성 평가에 관한 再現研究의 報告에서의 討論」, 《動物學과 應用藥理學》(*Toxicology and Applied Pharmacology*), **16**, 264 - 96, 1970.

관한 初期報告書*를 인용하고 있다. 이 보고서는 이러한 헤로운 효과는 몇 代에 걸친 실험동물이 그들 속에 축적된 영양물을 배설시킨 다음에라야만 분명해진다고 말하고 있다. 이러한 3세대에 걸친 연구는 흔히 만성중독시험의 일부로서 마련되는 것이 아니다. 이러한 연구는 살충제와 마찬가지로 식품첨가물이 受精한 卵子의 정상적인 발달에 장해를 일으키는가 어떤가, 또는 이것이 수정능력을 저하시키는가의 여부(不姙症, gametogenesis), 유전적 장해(돌연변이 유발, mutagenesis)나 先天的 畸形 즉 임신초기 3개월 동안에 鎭靜劑 탈리도마이드(Thalidomide)를 복용한 임산부의 태아가 물개의 손발처럼 되는(포코멜리아, phocomelia) 것 같은 증세들을 일으키는가의 여부를 찾아내는 데 가장 쓸모있는 연구가 된다.

탈리도마이드는 의약품이며 식품첨가물이 아니다. 그러나 임산부에게는 어떠한 해도 일으키지 않는 물질이라도 자궁 안의 태아가 상처를 받기 쉬운 곳에 비극적인 효과를 초래한다는 점에 연구자들은 깊은 주의를 기울였다. 風疹 [rubella, 도이칠란트홍역(German measle)]을 일으키는 바이러스가 발육 중인 태아**에 위험하게 침범된다는 것은 잘 알려져 있었으나 화학물질이나 의약품도 역시 같은 결과를 일으킬 가능성이 있다고는 생각되지 않았다.

FDA 討論會議 보고에 따르면 生殖障害를 일으키는 가능성에 관해서 3대에 걸친 시험을 한 결과 그 첨가물은 「그 물질의 蓄積을 초래하거나 또는 어떤 부분에 장해를 일으키면 여기에서 유독한 효과가 관찰될지도 모른다.」고 지적

---

* FDA의 毒性評價分科委員會의 O. 가드 피츠휴(O. Garth Fitzhugh)에 의한다.
** 風疹은 白內障, 귀먹음, 小頭(microcephely), 심장기형, 畸形足(발이 안쪽 또는 밖으로 구부러지는 증세), 언청이 등을 일으키는 것이 알려져 있다.

하고 있다. 실험동물에게 離乳 직후부터 각각의 사료를 투여한다. 이리하여 配偶者가 주어진다(쥐인 경우에는 생후 100 일). 그리고 각각 한배의 새끼에 대해서 生存兒와 死産兒의 수를 기록한다. 또한 이것들의 신체적 조건과 관찰할 수 있는 어떤 異常을 기록함과 동시에 각각의 새끼의 몸무게를 기록한다.

離乳時에 제 1 대의 동물을 다시 검사한 다음 죽이고 이것들이 내부적 이상이 있는가의 여부를 보기 위해서 해부한다.

兩親(표 16 에서 F。)을 다시 交尾시켜 다음 세대도 제 1 대와 마찬가지로 시험한다. 그러나 한배의 새끼들중 일부만을 선택해서 죽이고 대다수는 사료시험을 계속해서 교미시킨다. 이러한 방법을 3 대에 걸쳐 되풀이하는데 표 16 은 이런 개념을 나타낸 것이다.

〔표 16〕 3 代再現연구의 계획

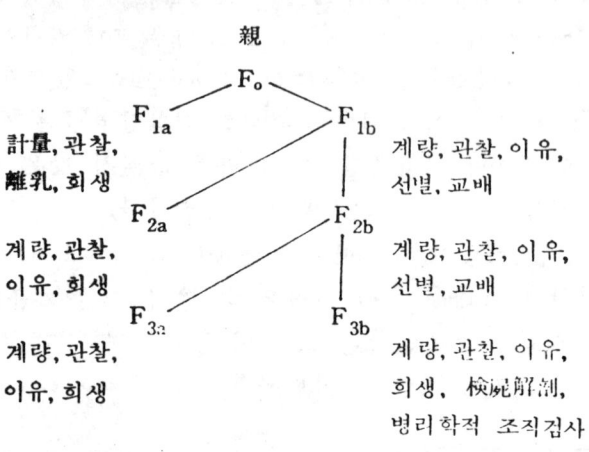

만성중독의 연구는 연구에 쓰인 화학약품의 잠재적 또는 실제적 암유발성질(發癌性)에 관한 중요한 정보를 제공해 줄 것이다. 만약 한 문제가 가장 커다란 어려움을 준다

고 말할 수 있다면 그것은 바로 이것이다. 독물학자들이
가장 걱정하는 것은 동물에게는 비교적 해롭지 않은 것으
로 밝혀진 물질이라 할지라도 인간에게는 발암물질임이 입
증될는지도 모른다는 점이다. 여기에서 신체조직에 대한 毒
性(장해를 일으키는 능력)과 암을 유발하는 능력 사이에는
아무런 관계도 없는 것처럼 지적될지도 모른다. 사실은 발
암성물질을 중독이 일어날 정도로 투여하는 경우에 단지
암을 발생시키기만 하는 투여일 때보다 그 양이 많다는 것
이 일반적인 원칙이다.

만성시험은 잘못되거나 誤導하기 쉬운 결과를 피하기 위
해서 흔히 4,5년에 걸쳐 실시된다(특히 개, 원숭이, 그밖
에 수명이 긴 포유류를 사용한다). 왜냐하면 모든 동물들
은 자연발생적인 腫瘍현상을 나타내기 때문이다. 더우기
어떤 종의 동물은 다른 동물에 비해서 발암성물질로 알려
진 물질에 대해서 저항력을 나타내는 경우가 있기 때문이
다. 따라서 발암성을 조사하는 시험에서는 의미있는 결과
를 얻기 위해서 많은 동물이 필요할 뿐 아니라 여러 종류
의 동물에 대해서도 조사해야 한다.

동물시험이 완료되면 다음에 그 데이터를 인간에 적용하
는 일이 남게 된다. 급성시험, 준급성시험 및 만성시험을
통해시 어떤 첨가물이 동물에 대해서 안전하다는 것을 밝
히게 된다. 그런데 이것은 인간이 사용해도 안전하다는 것
을 의미하는 것일까? 이와는 반대로 만약 어떤 첨가물이
동물에 대해서 발암성을 나타낸다는 것이 밝혀졌다 해서
인간에 대해서도 동일하게 적용할 수 있을까? 불행히도
우리는 이것을 확인할 수 없다. 그것은 1958년의 딜러니
改正法(Dclaney Amendment)이 단 한번 동물에 대해서 해
롭다고 알려지면 이러한 첨가물은 인간에게의 사용도 금지
하고 있기 때문이다.

싸이클러메이트는 이러한 관점에서 뚜렷한 예가 된다.

쥐에 대한 독성이 입증된 이상 아무리 논의의 여지가 있다 해도 FDA는 딜러니개정법에 따라서 싸이클러메이트의 인간에의 사용을 금지할 수밖에 없었다. 당시 保健敎育厚生省長官이던 라버트 핀취는 다음과 같이 말하고 있다. 『딜러니개정법은 이러한 결정을 내리는 데 어느정도 과학적 합리성을 갖도록 수정되어야 한다. 만약 딜러니개정법의 기준을 식탁에까지 적용한다면 결국 우리는 菜食主義國民으로 전락하게 되며 몇몇 야채까지도 금지해야만 할 것이다.』

인간과 동물 사이에는 뚜렷한 차이가 있다. 여기에서 중요한 문제는 이 차이가 너무 커서 동물연구에서 수집한 데이터를 인간에게 적용하는 것이 거의 가치가 없는 것은 아닐까 하는 것이다. 어떤 경우이건 동물시험이 가치가 없다고 주장하는 과학자는 거의 없다. 대부분의 과학자들은 그 限界性을 지적하지만 정밀한 연구에서 얻은 데이터는 받아들이고 있다.

첨가물이나 의약품을 인간에게 투여했을 때와 마찬가지 형태로 대사하는 동물은 아직껏 알려져 있지 않다. 어떤 종의 개는 어떤 화학약품을 인간과 비슷한 방법으로 대사한다. 또한 침판지의 물질대사는 인간과 매우 비슷하지만 그것도 단지 소수의 화학약품의 경우만이다.

다음에 말하는 최근의 두가지 발견은 동물연구에서 얻은 데이터를 인간에게 적용하는 경우의 어려움을 잘 나타내고 있다.

싸이카진(cycasin)은 고사리 모양의 일종의 은행나무 종자에서 얻은 글루코시드*(glucoside)인데 이것을 쥐에 주사해도 독성이 나타나지 않는다. 그러나 이것을 經口投與

---

* 글루코시드는 많은 글리코시드(glycoside) 중의 하나로서 분자구조의 일부에 탄수화물을 포함한 화합물을 말하는데 이 경우 탄수화물은 포도당이다.

하면 간장장해와 발암성의 독성을 나타낸다. 왜냐하면 이 물질이 쥐의 腸內박테리아에 의해서 유독한 아글리콘 (aglycone, 글루코시드에서 탄수화물이 아닌 부분)으로 가 수분해되기 때문이다. 마찬가지로 싸이클러메이트를 함유 한 사료를 준 쥐는 다량의 시클로헥실아민 (cyclohexylamine) 을 배설하는 것이 인정되는데 이 물질은 사람에 대해서 잠 재적 해가 있다고 생각되고 있다. 이 두가지 경우 쥐의 장내박테리아에 의해서 하나의 물질이 다른 물질로 변하게 된다.

곤란한 것은 설치류는 腸 전체에 다량의 박테리아를 가 지고 있는데 반해 인간의 空腸이나 回腸(작은창자의 일부) 속에는 별로 박테리아가 없다는 점이다. 그밖에 인간의 장 속에 존재하는 대부분의 세균류는 설치류의 세균류*와는 다른 屬에 속한다. 끝으로 인간의 소화과정에는 대부분의 음식이 박테리아의 효소와 접촉하게 되는(물질대사와 분 열) 장의 영역에 도달하기 전에 체내에 흡수되어 버리는 일이 있다. 따라서 어떤 화학물질의 인간에 대한 잠재적인 독성은 단지 설치류에 대한 시험만으로는 적절하게 결정 된다고 단정지을 수 없다.

어떤 화학물질의 시험에 비록 몇종의 동물을 선택했다고 해도 우선 이보다 앞서서 각각의 물질대사의 패턴을 반드시 알아야만 한다. 예를 들면 차, 사과, 그밖에 과일, 담배잎, 肉桂의 껍질(chinchona bark)에서 발견되는 퀴닌산(quinic acid)은 舊世界원숭이 (Old World monkeys)의 장내박테리아 로 변화되지만 신세계원숭이**(New World monkeys)의

---

* 인체의 박테리아는 주로 大腸菌屬(*Escherichria*)에 속하지만 설치 류에서는 박테리오이데스(*Bacterioides*)와 비피도박테리움(*Bifidobacterium*)에 속한다.

** 이른바 구세계원숭이는 아프리카와 아시아에서 발견되기 때문인 데 예를 들면 벵갈원숭이 (rhesus, Macaca), 비비 (baboon, Papio)와 그린 (green, Cercopithecus) 등이다.

장내박테리아에 의해서는 변화되지 않는다. 또는 개, 고양이, 쥐, 모르모트 등도 마찬가지이다. 불행히도 이러한 종류의 정보를 얻기는 극도로 어렵고 막 이용되기 시작한데 불과하다.

인간에 대한 화학물질의 효과를 평가하는 데 더욱 혼란을 일으키는 것은 쉬든의 카롤린스카硏究所(Karolinska Institute)의 약학자와 미국의 國立心肺硏究所(National Heart and Lung Institute)팀에 의한 공동연구에서 약의 종류에 따라 개개의 인간에 의한 약효과가 광범위하게 변한다는 발견이었다. 어떤 약을 같은 양 투여해도 혈액 속의 약의 농도가 사람에 따라서 30~50배까지도 변한다는 것이 밝혀졌다.

이 연구자들은 뉴욕에서 열린 과학아카데미회의에서 인간에 있어 약품의 물질대사에 관한 그들의 발견을 발표했다. 같은 회의의 또다른 보고는 다음과 같았다. 「약품 사이의 상호작용이 이 약품이 독성을 나타내거나 또는 반응을 하지 않거나를 결정하는 關鍵인 것처럼 생각된다.」 다른 말로 표현하면 하나의 약품이 다른 약품의 효과를 없애거나 또는 더 세게 할지도 모른다. 이러한 발견을 약품에서 식품 첨가물로 확장해서 해석할 때에는 곤란한 문제가 남는다.

이와같이 종류가 다른 동물 사이 또는 개개의 인간 사이의 물질대사에서 서로 다름은 해로운 가능성이 있는 첨가물을 시험할 때 한 종류의 동물이 아니고 더 많은 종류의 동물에 관해서 시험하는 것이 얼마나 중요한가를 말해 주고 있다. 최근 브롬화한 植物油가 쥐만을 대상으로 한 연구에서 해로운 것이 발견됐다. 그 결과 FDA는 飮料製造

新世界원숭이는 다람쥐원숭이(squirrel, Saimiri), 거미원숭이 (spider, Ateles), 카푸친(capuchin, Cebres) 등으로서 中南美에서 발견된다. 모든 원숭이는 이 두 부류중 어느 하나에 속한다. 두 대륙이 분리되지 않았던 약 3,000만년 전에는 이 두가지 원숭이는 같은 선조를 가졌다고 믿어진다.

者들에게 이 安定劑를 없애거나 그 양을 〈안전한〉耐藥力 범위 내로 제한할 것을 명령했다. 소량의 브롬화된 기름은 쏘프트 드링크에서 쓰이는 精油의 비중을 조절하기 위해 사용되며 한편 이 기름은 混濁效果를 일으킨다. 캐너더의 食品醫藥指導局(Food and Drug Directorate)의 과학자들은 이 기름을 다량 투여한 쥐에서 退化的인 심장장해가 나타나는 것을 발견했을 때 미국 FDA는 이것을 단서로 음료제조자들에게 명령을 내렸다. 한편 캐너더의 FDD는 이 기름의 건강에 대한 위협을 고려하지 않고 10 온스병당 5 mg 이상을 초과하지 않으면 된다고 했다.

동물시험에서 얻은 데이터를 인간에게 적용하는 것이 어려운 또하나의 보기로서는 酸化防止劑로서 널리 쓰이는 부틸화된 히드록시톨루엔(butylated hydroxytoluene), 즉 BHT이다. 1959년 4명의 오스트레일려의 연구자들이 쥐에게 BHT를 〈비교적 다량 투여〉한 결과 이것을 인간의 식품에 사용하는 것이 안전하지 않다고 보고했다. 얼마후 신문이 머리가 벗어지고 눈이 없는 쥐가 태어났다는 근거없는 기사를 실었다. 1965년 인간 및 동물에 대한 연구에서 얻어진 BHT에 관한 데이터를 철저히 재검토한 다음 國際保健機構에 의해서 소집된 合同專門家委員會는 특정한 許容量 이하라면 BHT를 인간의 식품에 첨가물로 사용해도 된다고 승인했다.

불행히도 소비자들이나 생산자들은 쥐에 대한 BHT의 효과를 설명한 초기의 왜곡된 신문보도를 잊을 수 없을 것이다. 逆說的인 이야기지만 BHT는 해롭기는 커녕 우리의 수명을 연장시킬 가능성도 있다는 것이다. 니브래스커 (Nebraska)의 대학의 한 內科醫는 《老人學雜誌》* (Journal

---

* 「老化에 관한 자유라디칼이론, 수컷 LAF 생쥐의 死亡率에 대한 자유라디칼 반응길항제의 효과」, 덴험 하먼박사, 《老人學雜誌》, **23** : 476, 1968.

of Gerontology)에 0.5%의 BHT를 함유한 사료는 실험그룹 생쥐의 45%에게 수명의 연장을 가져왔다고 보고했다. 이러한 내용이 시험된 결과 높은 반응성을 지닌 분자의 斷片인 자유라디칼*(free radical)은 세포를 퇴화시킴으로써 老化를 초래하는 역할을 하지만 BHT는 산화방지제 및 자유라디칼의 拮抗劑로서 노화를 제지시키거나 방해할 수 있음이 밝혀졌다.

하먼(Denham Harman)박사는 만약 이러한 변화가 노화작용에 대해서 어떤 역할을 한다면 식품 속에 해롭지 않은 산화방지제를 첨가함으로써 노화의 과정을 느리게 할 수 있을 것이라고 지적하고 있다. 이렇게 되면 자유라디칼과 급속하게 반응할 수 있는 체내의 화합물의 농도가 깊은 의미를 가지게 되며 이에 따라 해로운 반응이 일어날 기회를 감소시킬 수 있을 것이다. 이리하여 아마도 살기 위해서 먹어라라는 명제는 결국 옳은 것이 된다.

너무 재빠른 신문기사 때문에 야기되는 불필요한 히스테리의 또다른 보기를 글루탐산나트륨에 관해서도 들 수 있다. 와싱튼대학의 정신병학자 존 W. 올니박사는 갓난 생쥐와 성장한 생쥐에 다량의 MSG를 주사했다. 얼마후 생쥐의 乳兒는 不治의 뇌장해를 일으켰고 성장한 생쥐는 왜소한 골격발달, 뚜렷한 肥滿, 암놈에서는 불임증을 나타냈다. 이러한 결과로 여론이 즉각적으로 들끓고, 의회에서는 公聽會가 열리고 國立硏究審議會는 食品營養委員會(Food and Nutrition Board)를 소집해서 MSG의 안전성을 평가하도록 했다. 이 위원회는 신중한 평가 끝에 MSG는

---

* 메탄 또는 沼氣(marsh gas) 즉 CH_4는 모든 유기화합물 중에서 가장 간단한 화합물로서 단 한개의 탄소원자를 갖고 있다. 이것은 네개의 수소원자와 결합해서 매우 안전한 물질이 되는데 수소원자 한개를 잃으면 높은 반응성을 가진 자유라디칼인 메틸기가 된다. 이러한 조건애서는 이 메틸기는 다른 메틸기와 쉽게 결합해서 또다른 하나의 안전한 화합물인 에탄이 된다.

成人이 소비하는 양으로는 별 문제 없음을 밝히고, 「현시점에서는 유아들이 먹지 않는 식품에 사용하는데 어떤 제한을 가하도록 권고할 필요가 없다.」고 지적했다. 이 연구를 발표한 보고에서 위원회에 의한 평가는 다음과 같이 계속되고 있다. 「MSG를 식품의 성분으로 사용해도 아무 위험도 없다는 것이 분명해졌다.」 그리고 MSG가 「乳兒用의 식품에 사용하는 것이 적당하지 않고 안전하지 않다.」는 발견은 어떤 의도된 含蓄性도 없으며 문제로 삼을 것까지도 없다. 그럼에도 불구하고 이러한 일이 있은 직후 유수한 幼兒食製造業者들은 안전성에 관한 연구가 완료되기까지 MSG를 그들의 제품에서 제거할 것임을 발표했다.

MSG는 중국요리에서 광범위하게 쓰이며 혼히 〈중국요리증상군〉*(CRS)의 嫌疑를 받고 있다. 최근 밀라노(Milano)에 있는 藥學硏究所(Institute of Pharmacologic Research)의 P.L. 모르젤리(P.L. Morselli)와 S. 가라띠니(S. Garatini)라는 두 이딸리아과학자들이 보고**한 바에 의하면 이 CRS가 단순한 自己暗示의 결과에 지나지 않는다고 했다. 이들은 18〜34세의 7명의 여성과 17명의 남성지원자에게 MSG를 가한 쇠고기수프와 가하지 않은 수프를 먹였다. 그 결과 MSG를 가하지 않은 수프를 먹은 사람들 중에서 몇 가지 CRS에 의한 고통을 호소한 반면, MSG를 가한 수프를 먹은 사람들은 이러한 증상을 일으키지 않았다.

어떤 첨가물의 安全試驗에서 얻은 결과를 인간에게 적용하는 데는 많은 복잡한 문제가 있다는 것과 또한 현단계의 독물학의 지식으로는 어떤 확실한 연구방법을 보장하고

---

* CRS는 때때로 목뒤 부분에 타는 듯한 감각을 주고, 이것이 팔 앞쪽과 가슴 앞쪽으로 퍼진다. 또한 이때 눈구멍 아래쪽에 압박감과 긴박감, 그리고 副胸骨의 불쾌감을 수반한다.
** 《네이처》(Nature), 227, 1970년 8월 8일.

있지 않다는 이유 때문에 인간이 소비하는 식품첨가물에 관해서 規制를 설정할 때 안전성에 어떤 여유를 갖게 할 필요가 있다. 이 안전성의 여유라는 것도 동물시험에 의해서 해롭지 않음이 증명된 첨가물의 최대량의 10분의 1~500분의 1의 차이가 있다. 가장 흔히 쓰이고 있는 여유는 100분의 1인데 그것은 그 첨가물을 소비할지도 모를 사람이 유아, 성인 또는 병자, 건강한 사람들에 이르기까지 넓은 범위에 걸쳐 있기 때문이다.

만약 「그것은 有毒한가?」라는 질문에 대해서 간단한 해답이 있다면 소비자나 식품가공업자들의 생활은 보다 덜 복잡해질 것이다. 그러나 불행히도 해답은 없다. 영국 保健省의 首席醫務擔當官(Senior Medical Officer, 毒物學) P.S. 엘러스(P.S. Elas) 박사는 다음과 같이 적절하게 말하고 있다.* 「원칙적으로 화학물질에 해롭지 않은 것은 있을 수 없다. 단지 사용하는 데 해롭지 않은 방법이 있을 뿐이다. 가장 필요한 것은 이러한 이익과 위험의 균형을 맞추는 것이다.」

예를 들면 식염은 생명에 필수적인 것인데 이것을 한꺼번에 다량 흡수하게 되면 그 사람은 죽게 된다. 구리, 망간, 아연, 그리고 코발트 같은 많은 금속은 미량으로는 건강에 필수적인 것이지만 많은 양이 되면 毒物이 된다. 비타민 A와 비타민 D를 過剰投與하면 인체에 무서운 장해를 일으키는 원인이 된다.

수년 전에 필러델피어(Philadelphia)의 한 생선가게에서 4 kg이나 되는 상한 가자미 조각에 질산나트륨을 가해서 냄새와 빛깔을 감추려고 했다. 질산나트륨 즉 칠리硝石 (chili saltpeter)은 천연으로 나는 질산염 중에서 가장 풍부한 것 중의 하나로서 적당하게 사용하기만 하면 오히려 해

* 1970년 4월에 이딸리아의 밀라노에서 개최한 식품위생보호회의 (Sanitary Protection of Food)에서의 강연.

134

롭지 않다. 예를 들면 중세 이후 질산나트륨은 고기의 붉은색을 유지하기 위해서 쓰여져 왔다. 그러나 다량의 질산염은 소비자의 혈관을 확장시킴으로써 혈압을 급격히 저하시킬 수 있다.

이 보기에서 필러델피어의 상인의 가자미 토막은 펜실베이너(Pennsylvania)에서 船積돼서 뉴 저지(New Jersey)의 시장에 출하됐다. 얼마 안가서 150명이 질산염〈중독〉으로 앓게 됐다. 이리하여 많은 사람들은 입원, 치료를 받았고 뉴 저지주의 해든 하이츠(Haddon Heights)에서는 세살 난 어린이가 죽었다. 물론 그밖의 사람들은 같은 생선을 먹었어도 아무런 불쾌감을 느끼지 않고 살아남았다. 그러므로 어떤 毒物을 정의하는 데는 투여되는 양과 소비자의 나이, 성별, 정신적·신체적 건강상태 등을 고려하지 않으면 안된다.

이러한 점에서 하나의 의문이 제기될 수 있을 것이다. 즉 식품첨가물의 생산자나 판매업자는 그들의 제품이 안전하다는 것을 食品醫藥局에 어떻게 해서 납득시킬 수 있을 것인가 하는 것이다.

이러한 목적을 성취하기 위해서 연방정부는 FDA를 통해서 〈法廷에서〉 소비자와 생산자 양쪽을 보호하도록 계획된 신청절차를 마련했다. 승인 또는 승인하지 않는 등의 결론을 얻는 데는 많은 경우 수개월, 심지어 수년 걸리는 때도 있다.

제조업자가 제출하는 신청서에는 그 첨가물의 화학적·생물학적 성질과 그것을 사용하는 이유를 자세하게 기입해야 한다. 또한 첨가물을 설명한 것처럼 정확하게 사용하는 한 장기간 인간이 소비해도 안전하다는 증명을 첨부해야 한다.

신청서를 접수하면 그것은 보통 수백페이지에 달하고 때로는 몇권이 되기도 하고 FDA의 전문가들은 이것을 평가

〔그림 15〕 聯邦登記簿의 표지와 대표적 規定.

하게 된다. 우선 화학자들이 그 화합물에 관해서 충분하게, 그리고 정확하게 설명돼 있다는 것을 납득해야만 한다. 즉 제조과정에서 始終一貫 균일한 제품이 얻어지는가, 첨가물이 실제로 설명된 것과 같은 작용을 하는가, 이러한 작용을 하는 데 필요한 양이 올바르게 기재돼 있는가 등등이다. 화학자들은 또 소비자들에게 넘어갔을 때 식품 속에서 발견될 것으로 기대되는 첨가물의 양을 측정해야 한다.

화학적인 검토가 끝나면 FDA의 독물학자들이 바톤을 이어받게 된다. 그들은 첨가물이 신청서에서 주장하는대로 안전한가를 확인해야 한다. 이러한 작업이 끝나고 제품을 목적하는 대로 사용하는 한 안전하다는 것을 관계기

CALCIUM CYCLAMATE

Calcium Cyclohexanesulfamate

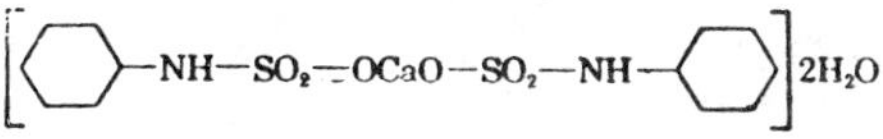

$$\left[\text{⬡}-NH-SO_2-OCaO-SO_2-NH-\text{⬡}\right]2H_2O$$

$C_{12}H_{24}CaN_2O_6S_2.2H_2O$ Mol. wt. 432.58

DESCRIPTION

White odorless crystals or crystalline powder. In dilute solutions it is about 30 times as sweet as sucrose. Its solutions are neutral to litmus. One gram is soluble in about 4 ml. of water, in about 1.5 ml. of propylene glycol, and in about 60 ml. of alcohol. It is practically insoluble in chloroform and in ether.

IDENTIFICATION

A. To 10 ml. of a 1 in 100 solution add 1 ml. of hydrochloric acid, mix, and add 1 ml. of barium chloride T.S. The solution remains clear, but upon the addition of 1 ml. of sodium nitrite solution (1 in 10), a white precipitate is formed.

B. A 1 in 100 solution gives positive tests for *Calcium,* page 769.

SPECIFICATIONS

Assay. Not less than 98 per cent and not more than the equivalent of 101 per cent of $C_{12}H_{24}CaN_2O_6S_2$, calculated on the anhydrous basis.

Water. Between 6 per cent and 9 per cent.

Limits of Impurities

Arsenic (as As). Not more than 3 parts per million (0.0003 per cent).
Heavy metals (as Pb). Not more than 10 parts per million (0.001 per cent).
Selenium. Not more than 30 parts per million (0.003 per cent).

TESTS

Assay. Dissolve about 400 mg., previously dried at 105° for 1 hour and accurately weighed, in a mixture of 50 ml. of water and 5 ml. of hydrochloric acid, and titrate with 0.1 M sodium nitrite. Add the last ml. of titrant dropwise until a blue color is produced immediately when a glass rod dipped into the titrated solution is streaked on a piece of starch iodide test paper. When the titration is complete, the end-point is reproducible after the mixture has been allowed to stand for 1 minute. Each ml. of 0.1 M sodium nitrite is equivalent to 19.83 mg. of $C_{12}H_{24}CaN_2O_6S_2$.

Water. Determine by the *Karl Fischer Titrimetric Method,* page 804.

Arsenic. A *Sample Solution* prepared as directed for organic compounds meets the requirements of the *Arsenic Test,* page 720.

Heavy metals. Prepare and test a 2-gram sample as directed in *Method II* under the *Heavy Metals Test,* page 763, using 20 mcg. of lead ion (Pb) in the control (*Solution A*).

Selenium. Prepare and test a 2-gram sample as directed in the *Selenium Limit Test,* page 737.

Packaging and storage. Store in well-closed containers.

Functional use in foods. Non-nutritive sweetener.

[그림 17] 食品醫藥品法典에 제정된 標準食品用化學藥品

ADDITIONS, CHANGES, AND CORRECTIONS

Changes and additions listed herein constitute revisions in the Food Chemicals Codex, First Edition, effective December 1, 1969. Page numbers cited refer to F.C.C. I, unless otherwise specified.

Aluminum Sulfate, page 32

Change the SPECIFICATION for *Assay* to read:

Assay. $Al_2(SO_4)_3$ (anhydrous), not less than 99.5 per cent of $Al_2(SO_4)_3$; $Al_2(SO_4)_3 . 18H_2O$ (hydrate), not less than 99.5 per cent and not more than the equivalent of 114 per cent of $Al_2(SO_4)_3 . 18H_2O$. [*Note*—The upper limit of 114 per cent of $Al_2(SO_4)_3 . 18H_2O$ corresponds to approximately 101.7 per cent of $Al_2(SO_4)_3 . 14H_2O$.]

Change the paragraph entitled *Heavy metals*, page 33, to read:

Heavy metals. Dissolve 500 mg. in 20 ml. of water, add a few drops of diluted hydrochloric acid T.S., and evaporate to dryness in a porcelain dish. Treat the residue with 20 ml. of water, and add 50 mg. of hydroxylamine hydrochloride. Heat on a steam bath for 10 minutes, cool, and dilute to 25 ml. with water. This solution meets the requirements of the *Heavy Metals Test*, page 763, using 20 mcg. of lead ion (Pb) and 50 mg. of hydroxylamine hydrochloride in the control (*Solution A*).

Brominated Vegetable Oil, page 90

Add the following sentence to the paragraph entitled *Free fatty acids*, page 91:

Titrate with the appropriate normality of sodium hydroxide solution, shaking vigorously, to the first permanent pink color of the same intensity as that of the neutralized alcohol, or, if the color of the sample interferes, titrate to a pH of 8.5, determined with a suitable instrument.

2-Butanone

Insert the following new monograph to precede the monograph entitled *Butyl Acetate*, page 1, *First Supplement:*

[그림 17] 식품의약품법전은 계속 수정되고 있다.

138

관이 납득하면 규정이 기초되고 聯邦登記所(Federal Register)에서 공표한다. 그림 15는 대표적인 규정을 보여 준다.

만약 누군가가 이 규정에 의해서 불행하게 피해를 받았다고 느끼게 되면 그 사람은 公聽會를 요구할 수 있다. 필요하다면 계속해서 聯邦控訴院(U.S. Court of Appeals)의 법률적인 검토를 받을 수도 있다.

식품에 첨가되는 화학물질의 안전성을 보다 더 확실하게 하기 위해서 國立科學아카데미 國家研究會議의 食品保護委員會에 의해서 食品醫藥品法典(Food Chemical Codex)이 제정됐다. 이 법전은 식품에 쓰일 수 있는 화학물질의 仕樣을 편찬한 것이다. 이 법전은 식품용 화학약품의 제조업자들에게 案內書로서의 역할을 하는데 여기에 올라 있는 일단의 화학약품은 어느 것이나 성질이 같으며 또한 안전하다. 왜냐하면 이 모든 화학약품이 허가된 기준에 합격됐기 때문이다.

이 법전은 여기에서 취급하고 있는 하나하나의 약품의 확인방법과 불순물의 허용한도를 규정하고 있다. 이 법전의 초판은 1966년 나왔으나 규정은 계속 수정돼서 해마다 增補版이 발행되고 있다(그림 17 참조). 어떤 화학약품이 FDA에 의해서 인간의 소비에 적당하다고 증명됐다면 이 물질의 화학적 허용량이 이 법전에 발표된다. 이때부터 비로소 이 약품을 사용할 수 있게 되는데 사용하기 위해서는 반드시 이 규정에 따라야 한다.

이 장에서 제기된 문제에 대한 답으로는 식품첨가물이 인간의 힘으로 가능한 한 안전해야 한다는 것이다. 왜냐하면 인간은 全知全能하지도 않으며 오류를 범하지 않는다는 보장도 없기 때문이다. 바로 이것이 우리가 말할 수 있는 최선의 답이다.

식품규제의 안전성에 관한 견해를 논평함에 있어서 두 사람의 저명한 영국 전문가는 다음과 같이 적고 있다.

··· 수가 많거나 또는 적거나 간에 식품 자체가 식품 속에서 발견되는 의도적으로 또는 우연하게 가한 첨가물보다 더 해롭다. 食品에 의해서 옮겨지는 많은 전염병은 알맞게 쓰인 모든 식품첨가물보다도 훨씬 더 해롭다는 것을 입증하는 매우 많은 증거가 있다. 우리의 식품규제는 많은 불완전성을 지니고 있음에도 불구하고 식품제조업이나 식품판매업 분야에 있어서 이에 부수하는 사회적인 책임이라는 자세가 존재하는 한 첨가물에 의한 장해로부터 사람들의 건강을 스스로 지키는 데 효과가 있다. 어쨌든 團束이나 制裁가 없는 規制는 전혀 규제가 없는 것보다도 더 나쁘다. *

한편 과학자들은 대중을 자신으로부터 지킬 수 없으며 이 시대의 기묘한 상황, 즉 절대적인 안전성에 대한 强迫觀念이 사람들에게 중첩된 이익을 떨쳐버리고 장차 그들에게 어떤 형태의 위험을 부과하려고 하는 상황에서 지킬 수도 없다.

---

* 英國産業生物學硏究協會의 R.F. 크램프튼博士와 保健 및 社會保障省 高位醫務官(毒物學擔當) P.S. 일리어스博士.

V 장

「消費者들의 이익을 위하여」

「우리의 豫言者나 賢人들이 목적한 것은 연구의 문
을 폐쇄하려는 것도 아니었으며…… 단순하고 게으른
대중이 상상하고 또한 도달하려고 하는 마음을 이해
하지 못하게 하는 것도 아니었다. 이들 대중은 지혜나
完全性보다는 無知와 무능력을 믿고 나가며 다른 사람
들의 지혜나 판단을 無信仰이나 불완전으로 생각하기
에 적합하다. 즉 빛을 위해서 어둠을 취하고 어둠을
위해서 빛을 취하는 것 등이다.」

마이모니데스(Maimonides, 1135 - 1204)

聯邦食品醫藥品化粧品法(Federal Food, Drug and Cosmetic Act)의 401조는 다음과 같이 규정하고 있다. 「長官이 소비자의 이익을 위하여 충실하고 공정한 취급을 촉진하는 조처가 필요하다고 판단하는 경우에는 그는 어떠한 식품에 대해서도 실제로 가능한 한 일반적, 보편적인 명칭 아래 동일성을 위한 합리적인 정의와 기준, 품질의 합리적인 기준 또는 그 容器에 채우는 경우의 합리적인 기준을 규정하고 확립하는 규칙을 공포해야 한다.」 여기에서 가장 중요한 개념은 〈소비자의 이익〉이므로 단속기관은 국민의 이익을 위해서 식품기준을 규제하고 감시하는 권한과 책임을 지니게 된다. 왜냐하면 소비자는 어떤 식품이 가장 좋은 방법으로 구성, 가공, 포장, 유지되고 있는가를 그들 자신이 판단할 수 없기 때문이다.

가끔 議會가 어떤 식품에 대해서 일방적으로 법률적 기

준을 설정하는 경우도 있다. 예를 들어 1923년 버터에 이러한 기준이 설정되었는데 이에 따르면 「버터란 일반적으로 버터로 알려진 식품을 의미하는 것으로 해석돼야 한다. 버터는 오로지 우유나 크림, 또는 이 두가지에서 만들어지고 소금을 함유하는 경우와 함유하지 않은 경우가 있으며 착색제를 함유하는 경우와 함유하지 않은 경우가 있다. 또 무게로 80% 이상의 油脂를 함유한다. 그러나 어느정도의 허용범위가 인정되고 있다.」

이러한 의회의 조처는 오히려 규칙과 동떨어진 예외적인 것이다. 왜냐하면 현재 있는 약 375종의 식품기준 중에서 의회에서 공포한 것은 단지 두개 뿐이기 때문이다(다른 하나는 1956년에 공포된 脫脂粉乳의 기준이다).

대개의 식품기준은 食品醫藥品化粧品法의 규정에 의하여 만들어지며 이것은 聯邦國束法令集(Code of Federal Regulation, CFR) 제21장으로 공포된다(CFR는 많은 도서관에서 이용된다). 이 식품기준은 제조업자의 한계와 소비자의 필요와 욕구를 충분히 고려한 다음 절충에 의해서 만들어진다. 한번 어떤 식품이 법적으로 規格化되면 이 식품은 정해진 성분을 정해진 양만큼 포함해야 한다. 만약 임의의 성분이 허가된 경우에는 이것을 레테르에 기재해야 한다. 그러나 식품기준에 규정된 성분은 레테르에 기재할 필요가 없다. 예를 들면 헬먼(Hellman), 크래프트(Kraft), 만트코(Montco), 그밖의 상표의 마요내즈의 레테르에 성분표가 기재돼 있지 않은 것은 이러한 이유 때문이다. 이것들은 기준을 정확하게 지키고 있고 임의의 어떠한 성분도 함유하고 있지 않다. 즉 마요내즈란 마요내즈라 불리우는 것으로서 쌜러드 드레씽이나 프렌취 드레씽이 아니기 때문이며, 이것들은 오직 식품기준에 열거한 성분을 정해진 양만큼 포함하고 있다. 이밖의 것은 모두 마요내즈가 아니다.

현재의 식품드레씽의 기준에는 마요내즈, 프렌취 드레씽

및 쎌러드 드레씽이 포함돼 있다. 이것들은 각각 정의되었고 필요한 성분과 추가성분이 열거돼 있다. 크래프트社의 미러클 프렌취 드레씽(Miracle French Dressing)에는 추가성분으로서 트라가칸트(tragacanth)와 EDTA가 기재돼 있는데 이것은 이러한 프렌취 드레씽이 규정된 성분 이외에 알긴과 EDTA를 사용하고 있음을 의미한다. 헬먼社의 프렌취 드레씽에는 식물성고무와 EDTA가 기재돼 있다. 한편 밀러니(Milani)社의 프렌취 드레씽의 레테르에서는 성분표를 볼 수 없다. 이것은 이 드레씽이 오직 규정된 성분만으로 만들어졌음을 나타내고 있다.

그러나 프렌체트(Frenchette)社의 저칼로리 블루 치즈 드레씽(Low-Calorie Blue Cheese Dressing)과 같이 규격화되지 않은 경우에는 18종류의 성분을 모두 열거해야 된다. 이 18종류의 성분은 물, 초산, 블루 치즈, 설탕, 식물성유, 탈지분유, 소금, 달걀노른자위, 트라가칸트, 양념, 합성향료, 젖산, 벤조산나트륨, 소르브산칼륨, 프로필 파라벤 (propyl paraben), 칼슘 2 나트륨EDTA, BHA 및 BHT 등이다.

달걀 및 달걀제품에 관한 기준은 액체상·냉동상 또는 건조한 달걀, 노른자위, 흰자위 및 이것들의 혼합물에 관해서 규정하고 있다. 여기에서 냉동 디저트의 기준은 아이스크림, 아이스밀크, 냉동커스터드, 셔버트 및 얼음에 관해서 규정하고 있다. 이 냉동디저트의 기준은 식품기준을 마련하는 데 얼마나 오랜 시간이 걸리는가를 극단적으로 그러나 교훈적으로 시사하는 하나의 보기이다. 公聽會는 1942년에 시작됐는데 2 차세계대전으로 말미암아 1946년까지 연기됐다. 이리하여 14년 동안을 소비하고 4만페이지에 이르는 증언을 수집한 다음에야 모든 관련단체가 납득하는 기준이 설정될 수 있었다. 이 공청회에서는 아이스크림에는 어떠한 성분이 허가되고 또는 허가되지 말아야 하는가 또는

DEPARTMENT OF HEALTH, EDUCATION, AND WELFARE

Food and Drug Administration
[21 CFR Part 19]

BLUE AND GORGONZOLA CHEESE IDENTITY STANDARDS

Proposal Regarding Optional Use of Sorbic Acid and Its Potassium and Sodium Salts

Notice is given that a petition has been filed by the National Cheese Institute, Inc., 110 North Franklin Street, Chicago, Ill. 60606, proposing that the identity standards for blue cheese (21 CFR 19.565) and gorgonzola cheese (21 CFR 19.567) be amended to provide for optional application to the food surface of sorbic acid, potassium sorbate, and sodium sorbate to inhibit growth of surface mold. It is proposed that the mold inhibitors be used singly or in combination in an amount not to exceed 0.3 percent by weight, calculated as sorbic acid.

Grounds set forth in the petition are that use of the mold-inhibiting ingredients will reduce cheese losses and labor required for trimming away surface mold following the curing period, and will prevent formation of mold on retail sized cuts of cheese in distribution channels and in the hands of consumers.

The petition proposes label declaration of the proposed optional ingredients when used on either cheese.

Accordingly, it is proposed that Part 19 be amended:

1. In § 19.565 by revising paragraph (d) and redesignating it as paragraph (e) and by adding a new paragraph (d), as follows:

§ 19.565 Blue cheese; identity; label statement of optional ingredients.

• • • • •

(d) The food may have applied to its surface an optional mold-inhibiting ingredient consisting of sorbic acid, potassium sorbate, sodium sorbate, or any combination of two or more of these in an amount not to exceed 0.3 percent by weight, calculated as sorbic acid.

(e) (1) If the milk used is bleached, the label shall bear the statement "milk bleached with benzoyl peroxide."

(2) If the food contains an optional mold-inhibiting ingredient as specified in paragraph (d) of this section, the label shall bear the statement "_____ added to retard surface mold growth" or "_____ added as a preservative," the blank being filled in with the common name or names of the mold-inhibiting ingredient or ingredients used.

(3) Whenever the name of the food appears on the label so conspicuously as to be easily seen under customary conditions of purchase, the words and statements prescribed in this paragraph showing the optional ingredients used shall immediately and conspicuously precede or follow such name without intervening written, printed, or graphic matter.

〔그림 18〕 聯邦登記에 공표된 제안기준

아이스크림 자체의 정의는 어떻게 할 것인가에 관해서 소비자단체, 산업계 및 정부의 대표자들이 宣誓를 하고 증언을 했다. 다행히도 식품기준에 관한 모든 청문회가 이처럼 오랜 시간이 소요된 것은 아니다. 어쨌든 중요한 점은 모른 관련단체의 의견을 들어야 한다는 것이다.

식품기준은 실제로 쓰이는 수천종류의 식품 중에서 극히 일부에 지나지 않는다. 기준을 설정해야 하는 식품은 많은 사람들에 의해서 다량으로 소비되는 것이어야 한다는 것이 일반적으로 유력한 견해이다. 더우기 이러한 기준은 분명히 소비자들의 이익을 예상하는 바탕 위에서 마련돼야 한다.

기준을 설정하는 데 중요한 것은 제품에 가장 바람직한 결, 外觀, 맛, 영양가 등을 줄 수 있는 가능한 성분 중에서 선택한다는 것이다.

불행히도 어떤 것이 〈最上〉의 결, 맛, 외관 그밖의 것 등을 나타낼 수 있는가 하는 점에 의견이 일치하기란 매우 어렵다. 실제로 각각 두사람의 料理長, 요리사 또는 가정주부 사이에 이러한 품질에 관해서 의견이 일치할 수는 없다. 이때문에 FDA는 모든 단체가 합의할 수 있는 최소한의 기준을 찾게 된다. 이것은 단순히 어떤 식품가공업자가 기준을 넘을 수는 있으나 어느 누구도 기준 이하의 제품을 만들 수는 없다는 것을 의미한다.

소비자, 제조업자, 商業團體와 같은 利害關係가 있는 어떠한 사람도 새로운 기준 또는 이미 존재하는 기준의 수정을 청원할 수 있다. 만약 이러한 청원이 합리적인 근거를 갖고 있는 것이면 FDA 위원장은 그의 제안을 聯邦登記에 공표한다. 그림 18은 연방등기에 실린 제안의 사본이다. 더우기 위원장은 자신의 발의에 의해서 새로운 기준의 설정 또는 이미 존재하는 기준의 수정에 관한 제안을 공표할 수도 있다.

어떤 제안이 연방등기에 공표되면 위원장은 청문회를 개최해서 이해관계가 있는 단체로부터 비평이나 건의를 모은다. 이러한 증언을 평가한 다음 최초의 제안을 받아들일 것인가 수정할 것인가, 또는 거부할 것인가 하는 명령을 공표하게 된다. 만약 관련단체가 이 개정된 제안에 의해서 불리하게 된다고 믿는 경우에는 이들은 청문회를 요구할 수 있다. 이러한 異議가 어떤 적당한 방법에 의하거나 어떤 경우에는 법률적으로 판결되기까지 명령은 유예된다.*

---

* 식품기준이 어떻게 만들어지는가에 관한 완전한 세부에 흥미있는 독자들에게는 보건교육복지성의 요구에 의해서 1966년 2월 《연방단속법령집》 제2부 21장에서 발췌해서 만든 「행정의 기능, 실행, 절차」(Administrative Functions, Practices and Procedures)이라는 공보가 도움이 된다.

연방식품의약품화장품법 401 조가 소비자의 이익을 대변하고 있는 것을 상기하자. 말하자면 위원장은 제안된 식품기준에 호응하는 소비자를 가능한 한 광범위하게 얻는 것이 가장 중요하다. 이리하여 새로운 제안이 나오는 것과 동시에 위원장의 결정에 영향을 미치는 의견을 제시할 수 있도록 연방등기를 규칙적으로 읽는 소비자단체를 육성하고 유지하는 것이 소비자들의 이익이 된다. 때때로 FDA 는 懸案 중의 제안에 대한 世評을 알기 위해서 전문적인 소비자의 의견조사를 할 때도 있다. 식품기준은 소비자와 생산자 양쪽의 이익을 생각하는 것이 사실이지만 우선적으로는 소비자의 이익에 관심을 두고 있다. 식품의약품위원회 위원장 찰즈 C. 에드워드(Charles C. Edward)*는 「FDA 는 소비자에 대해서 그들 자신이 마련할 수 없는 보호수당을 제공한다는 健康管理機構의 일부를 대표한다······ 우리는 소비자의 이익을 위해서 이용할 수 있는 모든 과학적 증거를 고려한 다음 모든 결정을 내려야 한다.」라고 말하고 있다. 어쨌든 이 기준은 모든 식품제조업자가 지키지 않으면 안될 〈기본적 원칙〉을 정한 것이므로 제조업자 자신도 부당한 경쟁에서 지켜 준다는 이점이 있다.

식품기준은 특수하고도 침범할 수 없는 것임이 최근 어떤 식품가공업자가 종래의 감자 칩(potato chip) 기준 아래서 새로운 식품을 만들고 싶다고 청원했을 때 밝혀졌다. 이 가공업자는 감자를 곱게 쩧어서 균일하게 하고 이것을 연속적으로 얇은 막으로 만들어 기름에 튀긴 다음 칩이 되도록 계획했다. 그러나 FDA는 이 새로운 제품에 〈人工〉이라는 레테르를 붙여야 한다고 말했는데 그것은 식품기준에는 감자 칩은 완전한 감자를 얇게 썬 것이라야 한다고 명확하게 규정하고 있기 때문이다. 이리하여 이

---

* 1970년 5월 5일 펜실베이너주 필러델피어의 템플(Temple)대학에서의 강연에서 발췌.

가공업자는 이러한 테테르가 그의 제품을 파는 데 불리하다고 생각돼서 「소비자의 이익면에서」이 均一化된 감자에서 만든 칩이 얇게 썬 감자에서 만든 칩에 비해 조금도 뒤떨어지지 않는다는 것을 주장하기 위해 공청회를 요구했던 것이다.

외국산 식품에 대한 요구가 매우 증가된 결과, 그리고 한 나라에서 다른 나라로의 식품의 자유로운 이동을 촉진하기 위해서 최근 새로운 국제적인 식품기준이 증가되고 있다. 1962년에 FAO 와 WHO*의 合同食品基準會議에서는 참가자들의 요구에 부응해서 食品憲章委員會(Codex Alimentarius Commission)가 설립됐다. 1969년 3월 1일까지 65개국이 이 위원회의 회원국이 됐다. 여기에서 제안된 基準草案은 각국 정부의 의견을 듣기 위해서 回覽되고 있다. 이들 의견이 평가된 다음 하나의 〈勸獎基準〉이 채택된다. 이것은 승인을 얻기 위해서 모든 정부에 발송되며 같은 시기에 헌장에 발표된다.

현재까지 미국은 몇가지 乳製品에 관한 憲章基準을 留保한 채 받아들이고 있다. 왜냐하면 FDA 기준은 CAC 가 발표한 기준보다 일반적으로 더 엄격하기 때문이다. 예를 들면 미국은 버터油에 관한 헌장기준을 약간 수정해서 받아들이고 있다. 또한 증발, 건조시킨 우유(evaporated milk)나 단 맛을 첨가한 練乳(condensed milk)에 관한 헌장기준은 현재 또는 장래에 미국의 보다 더 엄격한 요구에 대비한 형태로 받아들여지고 있다. 더우기 全粉乳에 관한 기준은 中和劑 및 안정제를 제거한다는 但書를 붙이고 채택되고 있다. 한편 버터에 관한 헌장기준은 이것이 1923년 의회에서 결정된 법률에 의한 정의와 다르기 때문에 미국에서는 받아들여지고 있지 않다.

---

* 세계식량농업기구와 세계보건기구를 말하는데 이 두 기구는 모두 UN기관이다.

현재 憲章委員會는 음료, 과일통조림 및 야채류 등에 관한 기준을 작성 중에 있으나 아직 미국에서 이것을 승인할 것을 요구하고 있지 않다. 미국에서는 이미 독자적인 식품기준을 많이 갖고 있는 것이 사실이므로 국제적인 기준을 설정하는 데 있어서도 강력한 지도적 입장에 있다. 그러나 한편 미국은 아직 運用基準을 갖고 있지 않은 데서 CAC가 만든 기준을 채용하도록 강력한 압력을 받고 있다.

연방기준 및 점점 증가돼 가는 국제기준에 부가해서 몇 州에서는 수입 및 다른 주 사이 또는 주 안에에서의 식품의 이동을 통제하기 시작하고 있다. 예를 들면 〈펜실베이너州農業局登錄〉(Reg. Penna. Dep. Agr.*)이라고 쓰인 식품레테르는 일상 어느 곳에서도 볼 수 있다. 1933년에 펜실베녀州議會는 밀가루로 만든 모든 제품은 펜실베이너주에 들어올 때 〈許可〉를 받아야만 한다는 법률을 공포했다. 이러한 허가를 얻기 위해서는 제조업자가 공장이나 빵굽는 조건이 펜실베이너주의 衛生基準에 합격되는 것을 증명해야만 한다.

비록 펜실베이너주는 다른 주나 외국에 검사원을 파견하고 있지 않으나 그 주 또는 국가의 公的인 보건기관이 이러한 특수한 조건을 증명할 것을 요구하고 있다. 제조업자의 신고는 받아들이지 않는다. 이 법률의 내용은 소비자에 대해서 펜실베이너주에서 판매되고 있는 모든 빵제품이 모두 허가된 製造元에서 나온 것임을 보증하는 것이지만 이러한 증명은 제품 자체를 승인하는 것을 의미하지 않는다. 이것은 단순히 구매자들에게 제조설비 및 종업원이 기준에 합격돼 있다는 것을 재보증하는 것에 지나지 않는다.

이 〈펜실베이너주농업국등록〉이라는 표시는 펜실베이너

---

* 역자주 : 펜실베이너州 農業局登錄의 略字(Registered Pennsylvania Department of Agriculture)

148

주 이외의 주에서 판매되고 있는 식품의 포장에서도 볼 수 있는데 이것은 제조업자의 편의에 의한 것이다. 이렇게 하는 것은 제품의 최종적인 행선지를 고려하지 않고 모든 레테르나 포장재료를 한꺼번에 인쇄해 버리는 것이 값싸기 때문이다.

식품기준이 소비자의 최상의 이익에 반대된다는 견해도 있다. 어떤 식품에 기준이 설정되면 제조업자들은 이미 명령된 성분을 레테르에 기재할 필요가 없게 된다. 이렇게 되면 어떤 종류의 식품 특히 단백질을 함유한 식품 등에 대해 매우 과민한 사람이나 또는 알레르기증상을 나타내는 사람들은 이 기준식품을 먹어도 안전한지 어떤지 알 수 없게 된다. 예를 들면 아이스크림의 기준은 공기의 混入을 쉽게 하기 위해서 달걀 또는 달걀의 노른자위(액체, 냉동 또는 건조)를 사용하는 것을 허가하고 있다. 그러나 이러한 성분이 용기에 기재되는 일은 거의 없다. 기준제품의 모든 성분을 기재하는 일이 식품가공업자들에게 커다란 부담이 된다고는 생각할 수 없다. 그러나 이렇게 하는 것이 〈소비자의 이익〉이 되는 것은 확실하다.

식품기준을 만들어서 이것을 시행하려고 하는 정부활동의 역사는 사람들이 질이 나쁜 제품을 팔아서 조금이라도 더 많이 벌려고 하는 경향이 나타난 것 만큼 오래된 일이다. 18세기 영국의 맥주검사원은 소량의 맥주를 의자에 흘려놓고 이것이 마를 때까지 그 위에 앉아 있었는데 이들은 오늘날 분석기술자의 선구자라 할 수 있을 것이다. 그들이 의자에서 일어났을 때 만약 가죽으로 된 짧은 바지가 의자에 딱 붙으면 이것은 맥주에 설탕이 혼합돼 있다는 증거가 된다.

약 65년전 순수식품의약품법이 제정된 이래 이 법률은 받아들이기 어려운 식품이 시장에 나오는 것을 방지하기 위해서 노력해 왔다. 이 법률에 새로운 수정이 가해질 때

149

마다 더 큰 책임—그리고 더 큰 권한—이 소비자들을 보호하기 위해서 FDA에 부여됐다. 이러한 결과 FDA는 중요한 法律執行機關이 됐고, 그 활동은 식품공장의 위생수준을 높이고 汚物*(filth), 질병의 원인이 되는 미생물 및 유독한 화학물질 등의 검출기술을 발전시킬 수 있도록 했다.

국민의 식품공급에 청결함과 유익성, 안전성을 확보하기 위해서 이러한 노력이 오랫동안 계속됐는데 검사나 강제라는 것은 앞으로도 계속돼야 한다. 왜냐하면 불행히도 두서너 예외적인 식품가공업자나 판매업자가 소비자 보호를 위한 법률이 요구하는 위생상태나 관례의 유지를 거부하거나 이에 대해서 무지하기 때문이다.

FDA 검사원들은 전국의 식품공장이나 식품창고를 정기적으로도 豫告없이 방문한다. 이들은 제품 속에 존재하는 잠재적인 유해물이나 믿을 수 없는 혼합물을 검출하고 그것이 어떻게 들어왔는가를 결정하고 만약 필요하다면 그 제품의 판매업자에서 공급원까지 추적하며 또한 그 식품이 州 이외 또는 주 안에서 출하되기에 앞서 샘플을 모은다. 이들 검사원들은 1년에 수천번씩 식품공장을 방문하는데 이것은 주 이외의 지역에는 거의 출하하지 않는 제빵공장을 비롯해서 제품을 전국 곳곳에서 내보내는 통조림공장에 이르기까지 넓은 범위에 걸쳐 있다.

---

* 오물, 부패(putrid), 분해(decomposed), 그리고 오염(contaminated)이라는 용어는 특히 법률적인 문서에 많이 쓰인다. 오물은 식품 속에 곤충, 동물 또는 인간의 배설물, 설치류의 털, 곤충의 단편 등이 존재하는 경우에 쓰인다. 부패는 썩은 식품에서 강력하고 불쾌한 냄새가 발생될 만큼 부식한 상태를 말한다. 분해는 냄새를 수반하거나 그렇지 않은 것을 불문하고 일반적으로 썩은 상태를 말하는 것으로서 이것은 때때로 부패와 같은 의미로 쓰인다. 오염에 관해서 말할 때, 순수하다고 말할 수 있는 것은 거의 없으므로 떨어진 눈이라 할지라도 이러한 개념으로 설명하는 것은 어렵다. 이것은 가끔 화학적 또는 미생물학적인 혼합물이 들어있어서 불순하게 됐을 때로 정의된다.

seizures and post office cases

SEIZURE ACTIONS charging violation of the Federal Food, Drug, and Cosmetic Act and the Federal Hazardous Substances Act are published when they are reported by the FDA District Office.

A total of 36 seizure actions to remove adulterated, misbranded, and unsafe products from the consumer market were reported in January. These included 21 seizures of foods; 3 because of poisonous and deleterious substances, and 18 because of contamination. Other seizures included 11 of drugs, 1 of medical devices, and 3 of hazardous substances.

PRODUCT, PLACE & DATE SEIZED	MANUFACTURER (M), PACKER (P), SHIPPER (S), DEALER (D)	CHARGES
FOOD / Poisonous and Deleterious Substances		
Bonemeal, digester tankage/Bucyrus, Ohio 1/2/70	Hygrade Food Products Corp./Mishawaka, Ind. (M,S)	Salmonella.
Chubs, fresh, iced/Brooklyn, N.Y. 11/6/69	Union Fisheries Corp./Chicago, Ill. (P,S)	Contain DDT, DDE, TDE, and dieldrin, pesticide chemicals not in conformity with regulations.
Egg yolks, frozen, 10% sugar/Chicago, Ill. 10/15/69	Golden Egg Products, Inc./Oneonta, Ala. (P,S)	Salmonella.
Contamination, Spoilage, Insanitary Handling		
Crab boil/Birmingham, Ala. 10/17/69	Zatarain's, Inc./Gretna, La. (M,S)	Prepared under insanitary conditions; insect contaminated; salt not declared.
Flour/Jesup, Ga. 12/8/69	Yukon Mill & Grain/Yukon, Okla. (M,S)	Prepared and packed under insanitary conditions; insect contaminated.
Gooch's Best/Council Bluffs, Iowa 12/11/69	Gooch's Feed Mill Co./Council Bluffs, Iowa (D)	Held under insanitary conditions.
Lamico Rose, Snow Lily/Stanaford, W.Va. 12/5/69	Laurinburg Milling Co./Laurinburg, N.C. (M,S)	Prepared and packed under insanitary conditions.
wheat, all purpose/Catano, P.R. 11/25/69	Molinos de Puerto Rico, Inc./Catano, P.R. (D)	Prepared, packed, and held under insanitary conditions.
Mushrooms, canned/Buffalo, N.Y. 12/17/69	Tusco Mushroom Prods., Inc./Beach City, Ohio (P,S)	Partly decomposed.
Onion rings, breaded/Lexington, Ky. 12/3/69	Moore's Seafood Products, Inc./Fort Atkinson, Wis. (M,S)	Prepared and packed under insanitary conditions; E. coli; excessive coliforms.
Wilmington, N.C. 1/2/70	Gold King Frozen Foods, Inc./Thunderbolt, Ga. (M)	"
Peanuts, medium, Virginia/Santa Fe Springs, Calif. 12/4/69	Shoemaker Candies/Santa Fe Springs, Calif. (D)	Held under insanitary conditions; rodent contaminated.
Peas, black-eyed/Mobile, Ala. 12/11/69	Cal Bean & Grain Co-op/Pixley, Calif. (P,S)	Prepared and packed under insanitary conditions.
Pecans, shelled/Kansas City, Mo. 12/31/69	Gold Kist Pecans/Canton, Miss. (P,S)	"
Salmon, pink, frozen/Seattle, Wash. 11/17/69	Mitsubishi International Corp./Valdez, Alaska (M,S)	Partly decomposed.
canned, red/Bellingham, Wash. 11/20/69	Queen Fisheries, Inc./Clark's Slough, Alaska (P,S)	Prepared and packed under insanitary conditions.
Seattle, Wash. 11/17 and 11/24/69	Kenai Packers/Kenai, Alaska (P,S)	"
Shrimp, ready-to-cook, frozen/Chicago, Ill. 12/3/69	Booth Fisheries/Brownsville, Tex. (P,S)	Partly decomposed.
Sunflower seeds, pecans, filberts, brazil nuts, in shell/New York, N.Y. 12/2/69	A. L. Bazzini Co., Inc./New York, N.Y. (D)	Held under insanitary conditions.
Walnuts/Forest Park, Ga. 12/5/69	Continental Nut Co./Chico, Calif. (P,S)	Rancid.
Wheat shorts/Nicholasville, Ky. 12/11/69	Bryan-Hunt Co./Nicholasville, Ky. (D)	Held under insanitary conditions; rodent contaminated.
DRUGS / Human Use		
DAST timekaps/Mansfield, Ohio 1/2/70	Plymouth Labs, Inc./Plymouth, Mich. (M,S)	Subpotent; lack of good manufacturing practice.
Diethylstilbestrol tablets, 5 mg./Fort Lee, N.J. 12/11/69	Strong Cobb Arner, Inc./Cleveland, Ohio (M,S)	Premature disintegration.

Figure 19. Seizure actions as published in the FDA Papers

〔그림 19〕 FDA 에 공표된 몰수조처

notices of judgment

FOOD / Poisonous and Deleterious Substances

Egg and/or ova products, frozen, at Columbus, M. Dist. Ga.
Charged 7-23-69; when shipped by Golden Egg Products Co., Inc., Oneonta, Ala., the articles contained Salmonella bacteria, Arizona bacteria, and decomposed eggs; 402(a)(1)), 402(a)(3). Default decree ordered destruction. (1)

Fishmeal, at Fernandina Beach, M. Dist. Fla.
Charged 10-22-69; when shipped by Ted Reynolds Grain Co., Houston, Tex., and Degelos Bros. Grain Co., New Orleans, La.. the article contained the added poisonous and deleterious substance Salmonella; 402(a)(1)) Consent decree authorized release to Pro-Pak Corp., Fernandina Beach, Fla., for salvaging. (2)

Food / Contamination, Spoilage, Insanitary Handling

Cheese, monterey jack, at Salt Lake City, Dist. Utah.
Charged 7-31-69; when shipped by C. W. and Jay Ward, Inc., Richfield, Idaho, the article, labeled in part "Banquet Better . . . Monterey Jack Cheese . . . held by Banquet Better Foods (Nelson Ricks Creamery Co.) . . . Rexburg, Idaho," contained insect filth and had been prepared and packed under insanitary conditions; 402(a)(3), 402(a)(4). Default decree authorized donation to public institution for use as animal feed. (3)

Citrus salad, Scald-Sweet, at Seattle, W. Dist. Wash.
Charged 8-28-69; when shipped by Scald Sweet Sales, Inc., Tampa, Fla., the article contained a decomposed substance (it was undergoing decomposition, contained viable yeast, and was in swollen and leaking containers); 402(a)(3). Default decree ordered destruction. (4)

Cocoa beans, at Philadelphia, E. Dist. Pa.
Charged 7-31-69; while held for sale, the article contained insect and miscellaneous filth and moldy cocoa beans; 402(a)(3). Default decree ordered destruction. (5)

Coconut, shredded, at Tampa, M Dist. Fla.
Charged 6-10-69; while held by Lorauren Coffee Service, Tampa, Fla., the article contained insect filth and was held under insanitary conditions; 402(a)(3), 402(a)(4). Default decree ordered destruction. (6)

Coffee beans, green, at Jacksonville, M Dist. Fla.
Charged 7-3-69; while held by Jacksonville Port Authority, Jacksonville, Fla., the article contained insect filth, was partially burned, damaged by water and smoke, and was held under insanitary conditions; 402(a)(3), 402(a)(4). Consent decree authorized release to Leon Israel & Bros., Inc., New Orleans, La., for salvaging. (7)

Cruller mix, at Allison Park, W. Dist Pa.
Charged 9-19-69; while held by Backus Bakery, Allison Park, Pa., the article contained insects and had been held under insanitary conditions; 402(a)(3), 402(a)(4). Default decree ordered destruction. (8)

Egg yolks, frozen, at Chicago, N. Dist. Ill.
Charged 9-19-69; when shipped by Golden Egg Products Co., Oneonta, Ala., the articles contained decomposed eggs, and one lot contained the poisonous and deleterious substance Salmonella organisms; 402(a)(3), 402(a)(1). Consent decree authorized release to shipper for salvaging. (9)

Mustard seed, at Dallas, N Dist Tex.
Charged 6-27-69; while held by Alford's Refrigerated Warehouse, Dallas, Tex., the articles contained rodent filth, one lot contained insect filth, and all lots were held under insanitary conditions; 402(a)(3), 402(a)(4). Consent decree authorized release to dealer for reconditioning. (10)

Noodles, egg, at Trevor, E. Dist. Wis.
Charged 10-13-69; when shipped by Crescent Baking Co., Davenport, Iowa, the article contained insect filth and was prepared and packed under insanitary conditions; 402(a)(3), 402(a)(4). Default decree ordered destruction. (11)

Onion rings, breaded, frozen, at Cincinnati, S. Dist. Ohio.
Charged 9-25-69; when shipped by Moore's Seafood Products, Inc., Fort Atkinson, Wis., the article, labeled in part "Breaded Onion Rings . . . Distributed by Pierre Frozen Foods, Cincinnati, Ohio," contained E. coli and was prepared and packed under insanitary conditions; 402(a)(3), 402(a)(4). Default decree ordered destruction. (12)

Onion rings, breaded, frozen, at Mankato, Dist. Minn.
Charged 9-18-69; when shipped by Moore's Seafood Products, Inc., Fort Atkinson, Wis., the article, labeled in part "Chip Steak & Provision Co. Distributor Mankato, Minnesota . . . Breaded Onion Rings," contained E. coli and bacterial filth and had been prepared and packed under insanitary conditions; 402(a)(3), 402(a)(4). Consent decree ordered destruction. (13)

Peanuts, granulated, roasted, at Burbank, C Dist. Calif.
Charged 9-24-69; while held by Paramount Ice Cream Corp., Burbank, Calif., the article contained rodent filth and was held under insanitary conditions; 402(a)(3), 402(a)(4). Consent decree authorized release to dealer for salvaging. (14)

Peanuts, granulated, roasted, at Nashville, M Dist. Tenn.
Charged 10-1-69; when shipped by Aster Nut Products Co., Inc., Evansville, Ind., the article contained insect filth and was prepared and packed under insanitary conditions; 402(a)(3), 402(a)(4). Default decree ordered destruction. (15)

Peanuts, shelled, at Los Angeles, C. Dist. Calif.
Charged 6-10-69; while held by Gust Picoulas & Co., Los Angeles, Calif., the article contained rodent filth and was held under insanitary conditions; 402(a)(3), 402(a)(4). Default decree ordered destruction. (16)

FOOD / Economic and Labeling Violations

Cheese, mozzarella, at Los Angeles, C. Dist. Calif.
Charged 9-5-69; when shipped by The Danish Cheese Co., Olympia, Wash., the article lacked conformity to the standard of identity, since it contained less than 35 percent of milk fat; 403(g)(1). Consent decree authorized release to Dub Corp. of Fairmont Foods of Omaha, Nebr., for salvaging. (17)

VITAMINS / DIETARY FOODS

Dietary supplement syrups, at Miami, S. Dist Fla.
Charged 7-26-69; while held by Prime Pharmaceuticals, Inc., Miami, Fla., who had furnished the articles' labels, reading in part "Yudo Tonic Syrup . . . Iodine Tannic Acid Complex in a glycerin syrup base Distributed by Somar Pharmaceuticals Miami" and "Iodized Horseradish Syrup . . . Iodine Tannic Acid Complex in a base containing Horseradish and Watercress Extracts . . . Distributed by Somar Pharmaceuticals Miami," the articles contained the nonconforming food additive iodine-tannic acid complex; 402(a)(2)(C). Default decree ordered destruction. (18)

Iso-Brevite vitamin tablets, at San Francisco, N Dist Calif.
Charged 8-15-69; while held by druemmel Pharmaceuticals, San Francisco, Calif., who packed the article, the valuable constituents vitamin B-12 and vitamin B-1 had been in part omitted or abstracted, and label statements were false and misleading, since the article was deficient in the declared amounts of vitamin B-12 and vitamin B-1 (approx. 35 percent and 33 percent, respectively); 402(b)(1), 403(a). Default decree ordered destruction. (19)

Ni-Kur vitamin supplement, at Houston, S. Dist Tex.
Charged 7-30-69; when shipped by Ni-Kur, Inc., Barberton, Ohio, the article was a new drug without an effective approved New Drug Application, the labeling contained false and misleading therapeutic claims for arthritis, bursitis, lumbago, gout, and rheumatism, and the labeling lacked adequate directions for use by laymen; 505(a), 502(a), 502(f)(1). Default decree ordered destruction. (20)

FOOD AND COLOR ADDITIVES

Raisins, maraschino, at Miami, S. Dist Fla.
Charged 6-27-69; when shipped by Kitchen Craft Foods Corp., Brooklyn, N.Y., the article contained the nonconforming color additive FD&C Red No. 4, and the labeling failed to declare that benzoate of soda and sulfur dioxide were chemical preservatives; 402(c), 403(k). Default decree ordered destruction. (21)

DRUGS / Human Use

Amphetamine combination capsules, piperazolate combination tablets, and choline combination capsules, at Milwaukee, E. Dist. Wis.
Charged 1-21-69; while held by Formulations, Inc., Milwaukee, Wis., who manufactured the articles from ingredients shipped in interstate commerce, the articles had been prepared, packed, and held under insanitary conditions; and the circumstances of the articles' manufacture, processing, packing, and holding lacked conformity with current good manufacturing practice; 501(a)(2)(A), 501(a)(2)(B). Default decree ordered destruction. (22)

Aspirin-caffeine tablets and aspirin-ephedrine combination tablets, at Hialeah, S. Dist Fla.
Charged 6-27-69; while held for sale, the articles' quality was deficient, since the aspirin in both articles was decomposed; 501(c). Default decree ordered destruction. (23)

Biflav-C bioflavonoid vitamin tablets, at Glendale, C. Dist. Calif.
Charged 12-26-67 and amended 5-14-68; when shipped by Lanbar Co., Dallas, Tex., the labeling on the tubes in which plastic packets of the articles were packed contained false and misleading claims for poor tissue tone association with weight loss, purpura, arthritis, and spontaneous abortion; the plastic bags containing the article lacked the name and place of business of the manufacturer, packer, or distributor, lacked a quantity of contents statement, and lacked the established name of each active ingredient; and the labeling of the article lacked adequate directions for use for the conditions for which the article was offered on the bulk package label, and adequate directions for such use cannot be written; 502(a), 502(b)(2), 502(e)(1)(A)(ii), 502(f)(1). The shipper claimed the article, and the Government moved for summary judgment thereafter, the court found that, although the plastic packets were in tubes labeled in part "Each Tablet contains Lemon Bioflavonoid Complex . . . 100 [or "200"] mg. Vitamin C (Ascorbic Acid, U.S.P. 100 [or "200"] mg. . . . Lanbar Company . . . Dallas 35, Texas," that the plastic packets containing 28 tablets each were the "immediate containers" of the drugs, and that, since the plastic packets were unlabeled except for the statements "BVC 2 7555" and "BVC b494" and since the dispensing exemption relied upon by the claimant becomes effective only at the time such drugs are actually dispensed on prescription, the articles were misbranded within the meaning of 502(b)(2), and 502(e)(1)(A)(ii). Accordingly, the Government was entitled to summary judgment ordering the articles condemned. The claimant filed an appeal. Pursuant to stipulation, the appeal was dismissed. Subsequently, the articles were ordered destroyed. (24)

〔그림 20〕 FDA 문서에 공표된 판결통지서

152

現場의 검사원들을 後援하기 위해 연방과 주의 과학자들로 구성된 팀이 검사원들이 가지고 온 샘플에 관해서 매우 복잡한 電子工學的·화학적 분석을 한다.

만약 어떤 식품공장이 규제에 따르지 않은 것이 분명해지면 검사원들은 汚染의 의심이 가는 식품을 추적해서 적당한 조처를 강구해야 한다.

식품의약품화장품법은 이 법률을 위반하는 경우에 만약 유죄로 판결되면 징역 또는 벌금을 과하고 있다. 그리고 그 물품을 몰수하고 이러한 행위가 계속되는 것을 금지한다. 그림 19*는 沒收措處가 취해진 대표적인 예이고 그림 20*은 몰수품목의 최종처분을 알 수 있는 判決通知書이다. 때때로 이들 품목은 구제될 때도 있으나 대부분의 경우 파괴돼 버린다. 이것이 처음 만든 그대로 소비자에게 이용되는 일은 결코 없다.

자, 그러면 공장에서의 검사원의 일을 뒤따라 보자. 우선 그들은 FDA의 지방사무소에서 이전의 검사보고서를 재조사해야 한다. 이 공장은 좋은 기록을 갖고 있는가? 이것은 석연치 않은 경우인가 또는 약속된 개선이 실행됐는가?

검사원이 공장에 도착하면 信任狀을 제시하고 들어가는 허락을 받는다. 이때 만약 공장이 痼疾的인 違反者인 경우에는 검사원의 예고없는 방문도 거의 도움이 되지 않을 수 있다. 그의 내방은 즉시 공장관리인에게 통고되고 加工現場 책임자에게 연락된다. 그 사이 검사원은 문쪽에서 기다리게 하거나 어떤 구실을 갖고 지연시키거나 그렇지 않으면 관리인의 사무실에서 기다리게 한다. 이 사이에 법률로서 명확히 금지돼 있는 화학물질을 숨길 수 있게 되고 허가돼 있지 않는 설비부분을 정리해 버릴 수도 있게 된다.

---

* 판결통지서와 몰수조처는 FDA의 간행물인 《FDA報》(*FDA Papers*)로 월간으로 출판된다.

검사원이 공장에 도착해서 작업현장에 나타나는 사이에 설탕저장소에 쥐를 잡는 간막이를 설치할 수는 분명히 없으나 자루를 팔레트(pallet)에 무더기로 쌓아서 防護設備가 있는 더 좋은 장소에 옮겨 버릴 수 있을 것이며 또는 분명히 열려 있거나 쥐가 갉아먹은 자루를 감추는 것도 가능하다. 과산화수소(생선을 표백하기 위해서 不法的으로 사용된다) 1갈론들이 항아리를 2,3개의 22kg들이 냉동야채를 담은 자루 밑에 감추는 데는 잠시 동안이면 된다. 값비싼 외국의 〈생선〉으로 속이기 위해서 그 지방에서 잡은 비슷한 고기를 넣은 통을 밀봉할 수 있고 또한 숨길 수도 있다. 작업자가 쓰는 것을 잊어버리고 책임자도 무시한 헤어네트(hairnet)가 갑자기 나타날 수도 있다. 손가락이 감염된 작업자는 그 생산라인에서 〈끌어내고〉 쉬도록 하거나 또는 다른 작업에 종사하게 한다. 다행히도 이러한 협잡을 하는 식품포장자는 소수에 지나지 않으며 그것도 해마다 점점 줄어 가고 있다.

우리 검사원이 지금 작업현장에 도착했다 하자. 그는 생산라인의 흐름을 따라가거나 또는 이전에 위반이 있었던 것을 알고 있으면 그것이 개선됐는가의 여부를 조사할 것이다. 그는 반드시 원료물질을 받는 장소와 저장장소를 찾아갈 것이며 여기에서 그는 자외선 즉 〈馬色〉線을 사용해서 대낮이나 白色光으로 보이지 않는 쥐의 오줌의 흔적을 알아낼 수 있을 것이다.

검사원은 공장을 거닐면서 흔히 그 지방연구소에서 분석하기 위한 제품 또는 그 함유물의 샘플을 모으게 된다. 이 시험에서는 잔류살충제, 식품첨가물, 곤충의 조각 등이 존재하는가의 여부, 또는 박테리아의 종류와 수를 결정하게 될 것이다.

검사원은 우유공장에서 原乳 속에 섞인 소똥이나 파리, 쥐털 또는 그밖의 눈에 보이는 입자 같은 것을 조사하는 것을

〔그림 21〕 깨뜨린 달걀의 신선도를 조사하는 FDA검사원들

빠뜨리지 않을 것이다. 그는 몇 가지 제품이 분해되었는가를
알기 위해서 거의 틀림없이 이 제품의 맛이나 냄새를 조사
할 것이다. 생선가공공장에서 검사원은 생선의 新鮮度나
기생충의 침범 여부를 조사할 것이다. 제빵공장에서는 그
의 관심은 여러 시루의 밀가루 속에 곤충이나 곤충의 조각
이 들어 있지 않다는 것을 확실히 하는 데 있을 것이다.

그러나 일반적으로 검사원은 공장의 구조나 配置, 장치,
노동자를 위한 위생설비, 그리고 작업방법 등에 관심을 갖
는다. 이들은 마루, 벽, 천정 등이 청결을 무시한 재료나
방법으로 만들어진 것은 아닌가, 조명이 식품을 취급하는
데 부적당하지 않은가, 창이나 문이 망으로 잘 가려져 있
지 않아서 곤충이나 그밖의 동물이 들어오지 않을까 등등
을 조사할 것이다.

가공에 쓰이는 기계를 검사하는 경우 숙련된 검사원은 그
식품이 潤滑油, 연료, 금속의 파편 또는 질병의 원인이 되
는 박테리아를 가득 포함한 물에 의해서 오염될지도 모른
다는 점에 관해서 잘 조사할 것이다.

검사원은 작업자가 필요로 할 때는 언제든지 손을 씻을

수 있도록 작업장 가까이에 적당한 화장실이나 개수대가 있는가를 확인할 것이다.

검사원은 포장라인을 걸을 때 포장이나 레테르에 FDA 및 適正包裝表示法(Fair Packaging and Labeling Act)에서 요구하는 알짜무게가 들어 있는가를 확인하기 위해서 조사할 것이다. 또 오직 허가된 식품첨가물만이 사용됐는가 또는 그 양이 오직 규정에 의해서 정해진 그대로인가 등을 확인할 것이다. 또한 이들은 장치나 가공방법이 박테리아오염의 원인이 되는 것은 아닌지 정신차리고 경계할 것이다. 박테리아의 양을 해롭지 않은 수준*까지 감소시키기 위해서도 가공의 최종단계에서 제품을 가열하지 않는다는 것은 매우 중대한 일이다. 이것은 달걀, 우유 또는 크림을 포함한 제품, 그리고 특히 냉동달걀, 크림狀의 과자(cream-type pastries), 冷凍簡易食品 등 제품의 경우이다.

또한 경험이 풍부한 검사원은 원료 또는 최종제품에 쓰인 얼음의 쌤플을 수거할 것이다. 이 얼음을 녹여서 세균학적 시험을 하여 이것이 규정을 위반해서 배설물로 오염된 물로 만든 것인가의 여부를 밝히게 된다.

이 법률에는 정기적인 검사를 하고 만약 비위생적인 처리가 발견되면 기록을 남겨 두고, 또 실험실에서 발견된 모든 것도 기록해 두어야 한다고 규정하고 있다. 이 법률은 비위생적인 것이 발견됐을 경우에만 보고를 요구하고 있으나 최근에 FDA는 중요한 법률에 위반되는 어떤 중요한 것이 발견되는 경우 지방장관은 이것을 文書로 최고관리자에게 통고하도록 하는 정책을 시작하였다. 마지막

---

* 비록 어떤 통조림식품을 240°F(135°C)의 고온에서 35분간 가열해도 이것은 살균돼 있지 않다. (완전하게 생명이 없도록) 살균을 하면 그 제품은 먹을 수 없게 돼 버린다. 따라서 열처리라는 것은 미생물의 수를 무의미한(해롭지 않은) 수준으로 감소시키는 것을 의미한다.

156

〔그림 22〕「당신의 트럭은 디트로이트에 소환됐고, 당신의 짐은 FDA에 소환됐읍니다.」

로 검사원은 그가 필요하다고 느끼면 가공업자에게 어떠한 개선방법을 명령하고 보고서를 제출하면 검사원으로서의 일이 끝나게 된다. 가공업자에 대한 법적 조처는 FDA 지방사무소가 집행한다. 그림 22는 식품가공업자의 운명을 기묘하게 나타낸 것이다.

품질을 等質化하는 것도 연방검사의 또하나의 목적이다. 포장업자는 그의 제품에 〈A級〉이라든가 〈最上〉(fancy)이라는 레테르를 붙일 수 있다. 그러나 미국 A급(U.S. Grade A)이라는 표시가 붙은 레테르만이 專任의 연방검사원이 위생적인 작업방법을 언제나 계속적으로 유지하고 있다고 공인한 공장에서 그 제품이 포장됐음을 소비자에게 보증하고 있다.

遊吟詩人이 「이름은 무엇을 의미하는가?」라고 물었을 때 그들이 식품의 품질을 생각하지 않았다는 것을 저자는 확신한다. 그럼에도 불구하고 이것은 물건을 살 때 마음속에 새겨야 할 적절한 의문이다. 예를 들면 어떤 제품이

〈純 쇠고기〉 또는 〈순 돼지고기〉라고 표시돼 있으면 이것은 그밖의 어떤 고기도 함유할 수 없게 된다. 〈고기〉라는 용어는 원래 천연에 존재하는 양의 지방을 가진 동물의 근육 조직만을 지칭한다. 만약 어떤 제품이 〈순 고기〉라고 표시돼 있으면 이것은 법적으로 쇠고기, 돼지고기, 양고기 등 여러가지 고기를 포함할 수 있다. 더우기 이 법률은 〈순 고기〉라고 표시된 제품은 增量劑를 함유할 수 없음을 명백히 규정하고 있다. 만약 증량제가 사용됐다면 그 레테르에는, 예컨대 殼類가 첨가됐다고 기재해야 한다.

또한 제품의 이름에서 고기 또는 새고기라는 말이 어떤 위치에 있는가에 주목하는 것도 역시 좋은 생각을 갖게 한다. 〈쇠고기 및 고기즙〉(Beef and Gravy)이라고 불리우는 제품은 〈고기즙 및 쇠고기〉(Gravy and Beef)라는 레테르가 붙은 제품보다 많은 고기(쇠고기)를 함유하고 있다. 그리고 국수가 든 칠면조(Turkey with Noodles)에는 칠면조가 든 국수(Noodles with Turkey)보다 훨씬 많은 새고기가 들어 있다.

또한 농무성은 쇠고기제품이나 닭고기제품이라 불리우기 위해서는 그 제품에 포함돼야 하는 쇠고기 또는 새고기의 최저량을 권한으로 정하고 있다. 예를 들면 닭고기누들 수프(Chicken Noodle Soup)는 적어도 2%의 닭고기를 함유해야 한다. 이 이하의 닭고기를 함유한 수프는 다른 어떤 이름—아마도 닭고기 맛이 나는 누들 수프(Chicken-flavored Noodle Soup)—으로 불러야 한다. 더우기 이러한 제품은 이미 새고기제품이라 할 수 없다. 그러므로 이름에는 여러가지 의미가 있어서 독자들은 레테르를 반드시 읽어야 한다는 것이 명백하다.

앞에서도 말했지만 검사원은 잔류살충제의 유무를 분석하기 위해서 가공식품과 그 함유물을 無作爲標本抽出해서 모은다. 최근 식량공급의 衛生性과 안전성을 확립하기 위

한 다른 하나의 수단으로서 全食事量 중의 살충제 잔류량
에 주목하게 되었다. 살충제가 몸 속에 들어오는 것은 우
선 식사를 한다는 작용에 의한 것이므로 하나하나 분리된
식품쌤플을 검사한다는 것은 개개인이 매일의 식사를 통해
서 섭취하는 살충제의 總量을 계산하는 방법으로서는 확실
히 부적당하다. 이리하여 새롭고 보다 정묘한 방법이 고안
되었다.

전 식사량에 관한 연구를 발전시키려는 시도는 이미 1954
년에 보고됐다. 그러나 받아들일 만한 提案이 FAO와 W
HO에 제출된 것은 1967년에 이르러서였다. 이 두 기구
합동의 殘留殺虫劑委員會는 전 식사의 연구는 「전형적인
식사를 하는 사람이 섭취하는 잔류살충제의 패턴을 명확히
할 수 있도록 계획돼야 한다.」고 정의했다. 이러한 형태의
연구는 최근 오스트레일려, 캐너더 및 영국에서 진행되고
있으나 오늘날 모든 나라들이 사용하고 있는 방법을 개발
한 것은 FDA이다. 미국 당국자는 이 연구가 16∼19세의
건강한 소년이 14일 동안 섭취한 매일의 식사에 기초해서
시행돼야 한다고 규정하고 있다. 왜냐하면 이 연령층이 식
욕이 가장 왕성하고 다른 어떤 연령층보다도 1일당 식사
량이 휠씬 많기 때문이다.

FDA가 이러한 연구를 하는 데는 실험그룹이 1일 소비
하는 식품쌤플을 전국적으로 몇개의 대도시나 소도시의 소
매점에서 사야 한다. 이러한 목적으로 마킷 배스킷 컬렉슌
쎈터(Market Basket Collection Center, 이 작업을 위해서 주
어진 이름이다)가 볼티모어(Baltimore), 보스튼(Boston),
캔저스 씨티(Kansas City), 로스 앤질리즈 및 미니애폴리스
(Minneapolis)에 설립됐다. 이 쎈터는 여러가지 식료품점이
나 수퍼마킷에서 자동차에 가득 식품을 수집한다. 이러한
수집작업을 8월, 10월, 12월, 2월, 4월 그리고 6월의
첫 週에 실시한다.

구입해야 하는 식품으로서 주요 리스트에 올려 있는 것은 117종의 식품인데 이것들은 다음 12종으로 분류된다.

1. 乳製品
2. 고기, 생선, 새고기
3. 곡물 및 곡물제품
4. 감자류
5. 葉菜類
6. 콩류
7. 根菜類
8. 草果物
9. 木果物
10. 기름, 지방, 쇼트닝
11. 설탕 및 첨가물
12. 음료(물도 포함)

이러한 식품은 연구실로 가져와서 가정에서와 마찬가지로 조리된다. 그다음 잔류살충제를 분석한다. 표 17은 하루 식단의 보기인데 16~19세의 미국 소년들이 먹는 대표적인 식품이라 할 수 있다.

〔표 17〕 16~19세 소년의 대표적인 하루 식사

아침식사	토마토 주스 또는 오린지 주스
	콘 플레이크(corn flakes)
	우유
	버터 또는 젤리를 바른 토스트
아침의 스낵	바나나 1개
점심	그릴 치즈(grilled cheese)와 토마토 샌드위치
	감자 칩
	피클(pickles)
	초콜릿 컵 케이크(chocolate cup cakes)
	우유
	아이스크림
방과후 스낵	쿠키(cookies)와 우유
	(소다)
저녁식사	쇠고기
	쌀
	그린 빈즈(green beans)
	토쓰드 쌜러드(tossed salad)
	과일
	홍차, 우유 또는 코피

조리한 식품은 그 형태에 따라 분류된다. 예를 들면 콘

플레이크는 빵, 크래커, 라이스 푸딩(rice pudding) 등등의 곡류 및 써리얼제품과 함께 시험을 위해서 저장된다. 우유는 흔히 써리얼류에 가해지기도 하는데 이 경우에는 다른 乳製品과 함께 저장한다. 또한 설탕에 관해서는 플레이크류에 정상적으로 뿌리는 경우의 설탕의 무게를 재고 잼, 젤리 그밖의 과일칵테일과 같은 설탕을 함유한 다른 식품과 함께 분석하기 위해서 그릇에 넣어 둔다. 이렇게 식품을 화학실험실에 보내기 전에 모든 식품의 분류와 저장이 수행된다. 앞에서 말한 식품류에 존재할 가능성이 있는 잔류살충제는 다음과 같이 크게 두가지로 분류된다. 하나는 유기염소劑 즉 DDT, 디엘드린(dieldrin), 린데인(lindane)이고 다른 하나는 有機燐化合物 즉 말라티온(malathion), 디메토에이트(dimethoate) 등이다. 세번째 잡다한 물질로는 납, 수은, 비소 등을 함유한 여러가지 화합물로 구성된 것이 있는데 이것은 때때로 시험하는 살충제 속에 함유돼 있다.

이러한 물질은 농작물살포, 진드기, 그밖의 유해한 節足動物類와 곤충류를 가축에서 驅除하기 위해서 살충액을 살포 또는 噴霧한 결과 식품 속에 들어가게 된다.

벤젠헥사클로리드(benzenhexachloride; BHC)와 같은 물질은 해충구제 처리한 닭의 모이를 통해서 달걀 속에 들어가게 된다. 또한 브롬화칼륨의 잔류물은 해충의 피해를 막기 위해서 분무한 결과 건포도에 남게 된다. 한편 납이나 비소는 곤충의 침입을 막기 위해서 분무된 납-비소화물에서 연유하는 것으로 사과나 배 등의 작물에 잔류된다.

그러나 영국, 캐너더, 오스트레일려, 미국 등에서의 전식사의 연구로 얻은 결과 우리가 흡수하는 잔류살충제는 건강에 해를 나타내기에는 거리가 멀다는 것이 밝혀졌다. 즉 FAO와 WHO의 공동위원회가 결정한 1일 히용섭취량에는 훨씬 미달하고 있다.

이 점에 있어서 FDA의 科學副委員長 데일 R. 린지가 지적한 말*은 매우 적절하다. 그는 말했다. 『우리는 25년 전에 벌써 DDT를 환경에서 축출해야 했다. 우리는 DDT가 환경에서 일으키는 해로운 효과에 관해서 긴 표를 작성해서 이것을 감정하고 검토할 수 있다. 이러한 이유로 DDT를 금지하는 것은 매우 타당한 일이다. 그러나 인간이 일상 섭취하는 정도의 양으로도 해로운 효과가 있는가 어떤가는 아직 계속 검토 중에 있다.』

한달 조금 지난 다음 식품의 화학물질에 의한 오염을 주제로 한 섬포지엄이 캐너더 國家保健福祉省(Department of National Health and Welfare)의 후원 아래 캐너더에서 개최됐다. 이 보고**의 하나는 적어도 인간에 관한 한 「중요한 살충제의 식사에 의한 섭취는 최근에 증가하고 있지 않다 — 오히려 어떤 것은 감소하는 경향을 보이고 있다.」 라고 말하고 있다. 연구자들은 이어 다음과 같이 말하고 있다. 『많은 연구자들은 식품을 통한 살충제의 흡수가 가장 많고 또 이것이 가장 중요하다는 견해를 아직껏 견지하고 있다. 그러나 보통 인간의 몸에서 발견되는 최소한의 살충제의 대부분은 가정이나 정원에서 쓰이고 있는 살충제가 원인이 된다고 우리는 믿고 있다‥‥‥ 대부분의 사람들에게 식사는 인체의 조직에서 발견되는 살충제의 가장 으뜸가는 供給源이 아님을 깨달을 때가 오고 있다. 또한 우리는 국내에서의 판매를 허가한 식품에서 흡수하는 매우 적은 양의 살충제를 제외하고는 그 이상의 살충제의 섭취는 대부분 피할 수 있다고 믿고 있다.』 그들의 결론중

---

* 그는 1970년 5월 4일 플로리더(Florida)주 보커 래튼(Boca Raton)에서 개최된 조미료 및 추출물(Extract)제조공업협회의 제61회 연차대회에서 강연했다.
** 藥務省(Department of Pharmacology)과 마이애미의과대학 毒物學研究教育쎈터의 다이크먼(W. B. Deichmann)박사와 먹도널드(W. E. MacDonald)박사의 보고서.

하나는 다음과 같다. 『FDA에 의해서 통제된 식품에서 섭취하는 최소량의 유기염소살충제는 인간의 건강과 長壽에 어떠한 장해도 일으키지 않는다. 오늘날 사용되고 있는 유기화합물이나 카바메이트(carbamate)의 잔유물은 대수롭지 않으며 과일이나 야채를 포함해서 市販되고 있는 FDA 統制食品의 오염에 관해서도 오늘날 아무런 문제가 없다는 명확한 증거가 있다.』

FDA 政策의 기본정신은 식품공업계가 이미 확립된 규제에 자발적으로 순종하는 것이다. 실제로 많은 啓發된 가공업자들은 소비자의 이익보호와 FDA의 認可를 확실히 하기 위해서 설비, 원료, 操業過程 등의 自體檢査, 훌륭한 제조방법의 유지라고 하는 일종의 自律的인 規制를 이미 오랫동안 실시해 왔다.

이미 1937년에 연어공업계는 제품의 질의 개선과 불량 연어제품이 소비자의 손에 넘어가는 것을 막기 위해서 良質연어統制計劃(Better Salmon Control Program)을 만들었다. 1946년에 미국제빵硏究所(American Baking Institute)가 공장의 위생상태의 향상을 도모하기 위해서 공장검사, 종업원훈련, 설비의 規格化 등을 내용으로 한 계획을 業界 전반에 걸쳐서 시작했다. 이때부터 이러한 自律規制計劃은 건조과일協會(Dried Fruit Association), 國立冷凍食品包裝協會(National Association of Frozen Food Packers) 및 국립새우養殖業協會, 피캔*(pecan) 열매의 껍질벗기는 업자나 통조림업자 등도 채택하고 있다.

더우기 FDA의 내부에서는 완전한 식품공업을 목적으로 좋은 제조방법의 바이블과 같은 것을 만들려는 움직임이 있다. 어느 가공업자나 소비자에게 항상 건강에 좋은 식품을 계속적으로 공급하기 위해서 정해진 방법에 따르고 있

---

* 역자주 : 북미산의 호두과의 나무 히코리(hickory)의 일종으로 그 열매는 食用으로 쓰인다.

는가 어떤가를 그들 자신이 판단할 수 있다.

연방이나 各州 또는 국제적으로 정해진 식품기준, 잘 훈련된 검사원에 의한 적극적인 조사, 올바른 제조방법을

〔표 18〕 食品保護立法年表

조직화된 사회가 확립된 이후 사람들은 식품이나 음료의 **變質**에 관심을 갖게 됐다. 일찌기 1202년 존왕(마그나 카르타로 유명한)은 최초의 식품법, 빵규제령(Assize of Bread)을 제정했다. 이것은 밀가루 대신에 완두콩이나 콩가루를 사용하는 것을 금지하는 것이다.

1784년 : 매써추지츠주가 미국에서는 최초로 일반적인 식품법을 제정했다. 이 「건강에 해로운 식품판매규제법」은 부패한, 오염된, 전염성의, 또는 건강에 해로운 식품 ─ 식품 또는 음료 모두 ─ 을 알고 판매하는 행위에 대해서 무거운 벌금을 과했다.

1824년 : 밀가루검사법이 버지니아주 앨릭잰드리어(당시의 컬럼비어 특별구)에서 통과

1850년 : 캘리포녀주에서 순수식품음료법이 통과

1891-1895년 : 동물을 죽이기 전에 질병 유무의 검사를 의무화한 법률 통과

1897년 : 3월 2일 미국 항만에 반입되는 모든 차의 검사를 의무화한 茶輸入法 통과

1906년 : 6월 30일 최초의 식품약품법 통과. 같은 날 국내판매로 수송되는 모든 고기류의 검사를 의무화한 고기류검사법 통과

1913년 : 3월 3일 식품의 포장에 定量의 표시를 의무화하는 굴드개정법(Gould Amendment) 제정

1916년 : 곡류기준법 통과. 이것은 국내판매로 수송되는 곡류의 기준을 정한 것이다.

1923년 : 3월 4일 乳脂 이외의 어떠한 지방분을 함유한 우유나 크림의 국내수송도 금지한 지방첨가유법 제정

1927년 : 수입우유법 통과, 이것은 수입한 우유는 국내의 최저기준에 합격돼야 한다는 것을 규정한 것이다.

1930년 : 통조림식품의 그릇의 품질과 용량의 기준을 정한 먹너리 -메입스개정법(McNary-Mapes Amendment) 제정

1938년 : 연방식품약품화장품법 개정

1939년 : 7월 14일 최초의 연방식품기준이 발행됨 (모든 통조림 토마토, 토마토 퓌레, 토마토 페이스트)

1946년 : 농업시장법(Agricultural Marketing Act) 제정. 이것은 다른 법률에 의해서 규제되지 않은 몇가지 식품에 대해서 기준

164

을 정한 것이다.

1956년 : 생선류 및 야생동물법 통과. 이것은 생선과 조개의 기준을 정한 것이다.

1956년 : 脫脂粉乳法 통과. 이것은 의회에 의해서 결정된 제2의 식품에 대한 법률로서 탈지분유의 일정기준을 마련한 것이다.

1957년 : 가금제품검사법 통과. 이것은 공장의 종업원 및 설비의 유지에 관한 위생기준의 검사와 동물을 도살하기 전후에 그 동물의 검사를 의무화한 것이다.

1967년 : 건전육류법 제정. 이것은 검사계획의 시행에 관해서 농무장관에게 각 주를 돕는 권한을 부여한 것이다.

통한 자율규제의 증가경향 같은 것을 생각하면 미국의 소비자들은 안전하고, 건강에 좋고, 영양있는 대부분의 유익한 식품에 안심할 수 있을 것이다.

未來의 食品

「나에게 편리한 음식을 먹게 해 다오.」
전도서

　사실 1985년의 세계에서는 사람들이 식사하기 위해서 시간을 소비하기보다 錠劑식품을 입속에 집어 넣는 것이 예사라고 해도 그다지 부자연하게 느끼지 않을는지 모른다.

　예컨대 밥벌이하는 바쁜 사람이나 물건파는 사람은 편안하게 의자에 앉아서 한가하게 식사할 시간이 없어서 주머니나 핸드백에 손을 집어 넣고 마름모꼴 錠劑를 끄집어 내게 될 것이다. 정제의 크기는 25센트 銀貨 정도의 크기거나 그보다 작지만 여러가지 다양한 조미료와 영양소를 포함하고 있어서 균형잡힌 식사를 취할 때와 같은 정도의 영양을 공급받을 수 있다. 또 정상적인 식사를 하기까지의 사이에 공복을 채우는 가벼운 식사로서 이용하게 될는지도 모른다.

　이러한 정제가 생선과 칩, 스테이크와 감자 또는 햄, 달걀 등과 같은 영양을 지닌 것이라고 상상하는 데는 그다지 커다란 상상력이 필요하지 않다. 그런데 다행인지 불행인지, 이러한 정제는 아직껏 實用化되지 못하고 있으나 그밖의 여러가지 진보가 식사의 형태에 영향을 미칠 것이 확실하다.

20년 이상에 걸쳐 우리는 放射線照射食品의 새로운 상황에 관한 보고서들을 읽어 왔다. 그러나 이러한 보고서들은 방사선이 건강을 해칠 가능성이 있다는 다른 지적 때문에 즉시 反擊을 받았다. 그러나 이 10년 사이에 우리는 이러한 기술의 광범위한 이용을 목격할 수 있을 것이다.

放射線照射는 프랑스의 과자제조업자 프랑솨 니꼴라 아뻬르(Francois Nicolas Appert)가 1809년에 熱處理를 발견한 이래 최초의 아주 새로운 食品保存法*이다.

이러한 가운데 방사선조사에 의한 식품보존에 처음으로 관심을 나타낸 것은 미해군이었다. 신선한 야채가 썩기 쉬운 것과 배에 싣는 냉동설비를 적게 하려는 희망에서 해군은 1948년에 매써추지츠공과대학과 계약해서 방사선에 의한 이온화에 관해 더 나아간 연구를 시작했다.

방사선조사는 오린지, 양딸기, 생선, 감자, 그리고 그밖의 야채와 같은 식품을 보존하는 데 특히 매력적인 해결법이다. 그것은 이러한 식품이 조리하거나 냉동하면 변질돼 버리기 때문이다. 이러한 식품들은 다량의 수분을 함유해

〔표 19〕 여러가지 식품의 防腐處理에 필요한 放射線照射量

처 리	라드(Rads)
발아방지	
당근, 양파, 감자	4,000~40,000
旋毛虫(*Trichinella spiralis*)의 비활성화	30,000~60,000
穀類의 害虫구제	100,000~500,000
식품의 살균(모든 미생물의 구제)	2,000,000~5,000,000
효소의 비활성화(단백질분자)	10,000,000 이상

---

* 1795년 나뽈레옹은 〈행군 중의 군대의 밥통문제〉를 해결하기 위하여 새로운 식품보존법에 대해서 12,000프랑의 상금을 걸었다. 아뻬르는 식량을 주둥이가 넓은 병에 넣고 코르크마개를 한 다음 이것을 물중탕 속에서 가열하는 방법을 고안해서 이 상금을 탔다. 당시에는 아직 박테리아의 존재가 알려져 있지 않았으나 아뻬르는 식품보존에서 열의 이용이 도움이 된다는 것을 올바르게 추측했던 것이다.

서 박테리아에 의한 분해를 신속하게 일으킨다. 소량의 방사선조사로서 모든 박테리아를 죽일 수 없으나 그 양을 감소시키므로 식품이 장기간 썩지 않게 된다. 식품에 대한 이러한 제한된 방사선조사〈低溫殺菌法〉(pasteurization)이라 불리우며 이러한 처리로 식품의 맛, 냄새 또는 요리의 특성을 변화시키지 않는다. 방사선조사된 오린지나 감자는 7°C에서 두달 이상 신선한 상태를 지속할 수 있는데 이 온도는 대부분의 가정용 냉장고보다 약간 더 따뜻한 정도이다. 그림 23에 이러한 처리의 결과를 나타냈다.

조사하는 방사선의 필요량은 표 19에 나타낸 것 같이 파괴해야 하는 생활형태나 생물학적 과정이 저급일수록 급격하게 증가한다.

1958년의 식품의약품화장품법에서는 이온화작용을 하는 방사선을 식품첨가물로 정의했다. 따라서 이의 사용을 허가하기에 앞서 그러한 목적에 사용하는 것이 안전한가를 입증하지 않으면 안된다. 1966년에 FDA는 방사선을 조사한 통조림된 베이큰, 화이트 포테이토(white potato), 밀 및 밀가루를 인간이 소비해도 안전하다고 보증했다. 그후 1968년에 베이큰에 대한 허가는 취소됐다. 어쨌든 미국의 현대의 政治的 상황과 지금까지의 전문적 분야에 대한 정치의 개입 등을 고려하면 방사선조사제품에 대한 FDA의 길다란 허가표가 언젠가는 마련될는지 모른다.

매우 흥미있는 일은 식품첨가물의 사용을 엄격히 규제하는 쏘련은 신선한 괴일과 야채, 건조과일, 곡류 및 감자류 등에 대한 방사선의 無制限使用을 허가하고 있다.

그런데 방사선에 의해서 보존된 생선이 곧 영국에서 판매될 것에 관해서는 그리 관심을 끌지 못하는 것 같다. 영국의 原子力局(Atomic Energy Authority)이 1970년 3월 31일에 제출한 보고에 의하면 생선의 방사선조사와 수입한 愛玩動物用 冷凍肉製品을 코발트선으로 제한조사하는 기

멸 균

70일 45°F

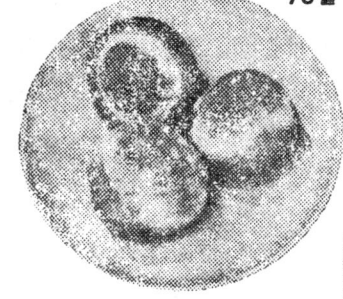

조사하지 않은 것

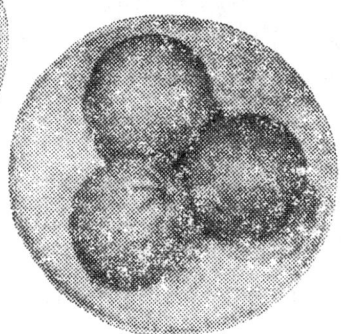

조사한 것(150,000RAD)

싹이 트는 것을 억제

조사하지 않은 것

18개월 47°F

조사한 것(10,000RAD)

〔그림 23〕 오린지와 감자에 대한 방사선조사의 효과

술을 개발했음을 말하고 있다. 이러한 방사선조사식품을 6
년 동안 동물에 먹였으나 어떠한 發病効果도 없었다.

한편 맥주의 방사선조사는 분명히 성공하지 못했다. 하
웰연구그룹(Harwell Research Group)의 책임자 월터 마셜
(Walter Marshall)박사는 「실험은 실패였다」고 말했다. 12
마리의 모르모트 중 겨우 한 마리만이 그 맛을 좋아했다.

미국에서 全魚濃縮蛋白質(fish protein concentrate, FPC)이
多量生産되기 시작하는데 거의 4분의 1세기나 지연된 책
임은 역시 政策에도 있다. 이것의 제조법과 최종제품은 현
재도 條件附로 인정되고 있다.

FPC는 생선에서 기름과 지방분을 추출한 다음 이것을
건조시켜 빻아서 高蛋白質의 고운 가루로 한 것이다. 이 방
법은 아직 실용화되지 못했던 대량의 생선(때때로 〈생선찌
꺼기〉라 불리운다)을 이용가능하게 함으로써 전세계 수백만
의 사람들이 먹고 있는 표준 이하의 식사에 대해서 FPC는
값싼 蛋白質 補給源이 될 것이다. 불행히도 이러한 생선의
전체 — 머리, 내장, 피부 및 뼈 등을 포함해서 — 에서 만든
제품이 審美的으로 적당한가 적당하지 않은가 하는 官僚的
인 논쟁에 의해서 20년 이상이나 내버려지고 있다. *

현재 FDA는 냄새를 없앤 FPC를 식품으로서 인간이 소
비하는 것을 인정하고 있으나(냄새를 없애지 않은 것은 동
물의 사료로서는 이용된다) 일정한 조건이 있다. FDA는
대구(red hake) 및 얼래스커대구(Alaska pollock), 청어
(menhaden), 그밖의 청어種과 같은 대구와 비슷한 생선만
에 FPC를 인정하고 있는데 이것은 이러한 생선이 인간에

---

* 단백질부족은 심각한 세계적인 문제이다. 1968년의 올림픽 경기
  가 진행되고 있는 동안 인도의 관리는 한 인도선수가 트랙경기
  및 필드경기의 어느 쪽에서도 최저자격기준에 미달하고 있는 것
  을 발견했다. 그런데 아직껏 우리는 FPC가 인간이 소비해도 좋
  은가 어떤가 하는 쓸데없는 논쟁을 하고 있다. 우리의 가치관은
  잘못돼 있다는 것이 명확하다.

170

대해서 안전하다는 毒物學的 데이터가 나와 있기 때문이다. 예를 들면 앤초비(anchovy)는 사용할 수 없는 것으로 돼 있는데 이것은 앤초비가 본질적으로 위험하기 때문이 아니고 단지 독물학적 데이터가 나와 있지 않다는 이유 때문이다. 실제로 FDA는 제조업자들이 사용하려고 하는 여러 가지 생선에 대해서 비록 이들 생선이 일상 먹고 있는 것이라 할지라도 하나하나 독물학적인 시험을 요구하고 있다.

FDA는 FPC를 직접적인 식품첨가물로 지정하고 있으므로 모든 식품첨가물과 마찬가지의 규제를 받게 돼 있다. 그러나 규칙은 FPC를 가정용으로만 규정하고 있으므로 450g이 넘는 포장으로 팔리는 일은 없을 것이다. 이러한 제한은 표면상 FPC를 함유한 식품이 상업적 규모로 만들어지는 것을 방지하여 사람들이 생선 전체로 만든 제품을 먹음으로써 받는 피해를 막도록 〈보호〉하자는 데 목적이 있다. 물론 이러한 태도는 高品質의 단백질을 값싸게 널리 공급하려는 애초의 의도에 위배된다.

칠레는 FPC에 관해서 가장 경험이 풍부한 나라이다. 이 나라에서는 FPC가 학교나 병원의 식사를 위해 특히 건강에 좋고 유용한 고품질의 동물성단백질임을 밝히고 있다.

이 책을 쓰고 있는 현재 세 회사가 분말의 FPC제품을 시장에 내놓을 준비를 하고 있다. 이것은 노버 스코셔(Nova Scotia)社의 카디늘 프로테인(Cardinal Protein), 매써추지츠주 뉴 베드퍼드(New Bedford)의 앨파인 머린단백질공업주식회사(Alpine Marine Protein Industries, Inc.), 그리고 쉬든의 아스티아〔Astia; 나비스코 - 아스티아 영양회사(Nabisco-Astia Nutrition Corporation)과 공동〕社이다. 아스티아사 제품은 내장을 빼 버린 생선만을 사용하게 될 것이다.

앨파인사 제품 인스반트단백질은 검정빵(brownies), 케이크, 식빵, 롤, 콘 머핀(corn muffins), 토틸러*(tortillas) 및 팬케이크 등을 만들 때 보통 가공하기 전에 각각 한 컵의 밀가루에 반온스 FPC 봉지를 섞어서 사용하면 쓸모 있을 것이다. 또한 엘파인사는 짓찧은 고구마나 감자, 콘 프리터(corn fritter), 감자팬케이크(potato pancake), 그리고 스파게티 쏘스(spaghetti sauce) 등에도 자기 제품을 섞을 것을 주장하고 있다.

이 한 봉지에는 달걀 두개, 113g의 신선한 생선 또는 79g의 비프 스테이크와 같은 양의 단백질이 함유돼 있다. 이것은 견고하고 햇빛에 탄 얼굴 빛깔의 가루인데 냉동하지 않고도 한달 동안 저장할 수 있다. 따라서 이 제품은 열대나 아열대지방과 같이 보통 高蛋白質食品이 빨리 부패해 버리는 지방에 특히 적당하다.

희망적인 것은 미국의 非妥協的인 規制當局도 이미 캐너더에서 하고 있는 것처럼 FPC의 대량사용을 자유화하게 될 것이다.

4,000년 이상 인류를 먹여 온 유서깊은 콩도 역시 장래에는 가장 유력한 식품이 될지 모른다. 콩에 함유돼 있는 경이적인 단백질의 양은 무게로 비교하면 달걀의 4배, 우유의 15배, 닭고기의 2배, 양고기의 3배, 그리고 쇠고기의 2.5배이다. 또한가지 중요한 점은 콩의 단백질이 완전한 高品質의 단백질이라는 점이다.** 불행히도 서양에서의 콩의 처리방법은 대부분 크게 장려할 만한 것이 못된다. 콩을 그대로 조리하려면 3,4시간 불려야 하는데 더우기 비린내가 나고 소화가 안된다. 중국에서는 수천년 전부터

---

* 역자주 : 멕시코지방의 둥글넓쩍한 옥수수빵.
** 단백질은 腸에 도달하면 분해 또는 가수분해해서 그의 성분인 아미노산을 생성한다. 이 가수분해산물을 분석하면 모든 단백질이 같은 형태의 아미노산을 같은 양 생성하는 것이 아님을 알 수 있다. 따라서 현재에는 단백질이 다르면 생리적 또는 生物價가 다르다는 것이 밝혀져 있다. 통상의 식품을 재료로 해서 근사적인

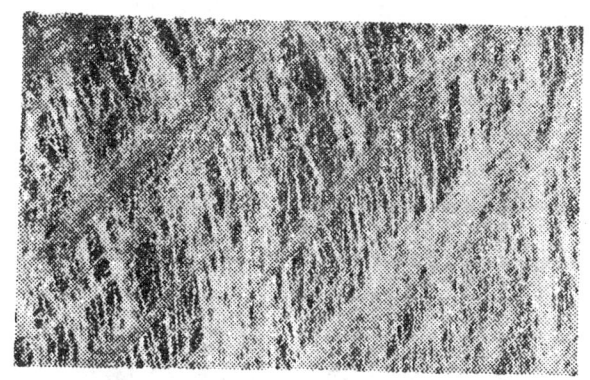

〔그림 24〕 렐스튼 퓨리너社의 에디-프로를 여러배로 확대한 그림

콩을 더 쓸모있게 사용해 오고 있다. 그들은 보통 물러진 콩을 石膏(황산칼슘)과 함께 짓쪟어서 응결시키거나 半液體狀이 되게 한다. 그리고 이것을 박테리아나 菌類에 의해서 발효시켜 치즈와 비슷한 두부 및 나또(納豆, natto)를 만든다. 그러나 서양사람들은 이러한 제품과 만드는 시간이 오래 걸리는 것을 좋아하지 않았다.

2차세계대전중 미국에서 콩가루를 식용으로 하는 방법이 개발됐다. 그런데 이것은 꼬투리 함유량이 컸으며 불쾌한 〈콩〉비린내가 났다. 그래서 가공업자들은 콩가루를 구워 콩비린내를 감추려고 했으나 탄맛 때문에 먹기 어려웠다. 더욱 나쁜 것은 가열하면 가끔 단백질이 변패된다는 것이다. 전쟁 중의 부족에 대처하기 위한 이러한 잘못된 콩〈가루〉의 사용법은 많은 사람들에게 콩에 대한 잘못된 견해를 갖게 했다.

2차세계대전 이후 콩에 관한 기술은 하나의 혁명을 이룩했다. 가장 경이적인 개발 중의 하나는 식용이 되는 콩

생물가를 들면 다음과 같다. 전 달걀의 단백질은 15, 우유 90, 고기단백질 75, 써리얼의 단백질 55, 정제한 밀가루 50, 이렇게 비교하면 조리한 콩의 생물가는 75 이다.

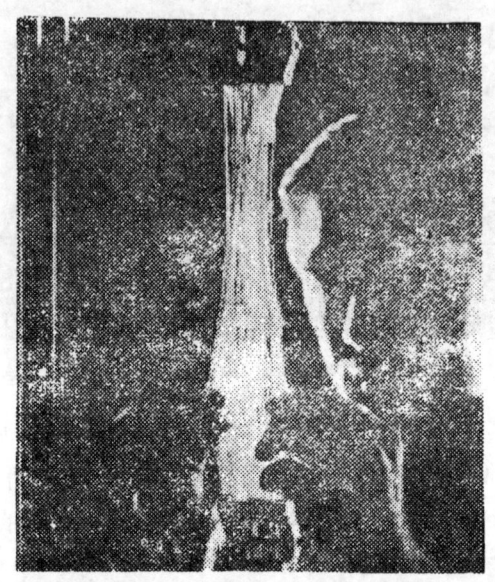

〔그림 25〕 에디-프로의 장력의 세기

단백질섬유의 제조에 성공한 것이다. 이 섬유는 보통의 紡織機로서 紡絲할 수 있고 희망하는 〈고기〉 모양으로 가공할 수 있다. 랠스튼 퓨리너社(Ralston Purina Company)에서 만든 纖維狀의 에디-프로(Edi-Pro)는 그림 24와 같다. 맛도 없고 냄새도 없는 이 섬유는 부드러운 金髮과 비슷하다. 그림 25는 이 섬유의 張力의 세기를 측정하고 있는 것을 보이고 있다.

이러한 섬유를 만들기 위해서는 우선 콩을 약한 알칼리로 처리하여 단백질을 抽出한다. 다음 이것을 白金紡絲機의 수천개의 작은 구멍에서 밀어내서 통 속에 넣으면 섬유가 형성된다. 밀어내는 과정과 凝固과정에서 섬유 지름을 0.003～0.076cm 정도로 변하게 할 수 있으므로 섬세한 섬유에서 질긴 섬유에 이르기까지 여러가지 것을 만들 수 있다. 동시에 섬유의 가로배열도 조절할 수 있다. 예컨대

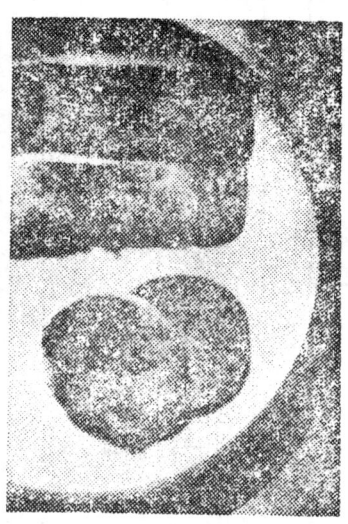

〔그림 26〕 워딩튼 푸즈사의 살짝 프라이하기 전과 후의 인
조베이큰과 인조 쏘시지

제멋대로 엉키게 한 것은 〈햄〉덩어리가 될 것이고 섬유가
서로 평행한 것은 더 씹기 좋은 〈고기〉가 될 것이다. 그
래서 착색제와 조미료를 가하면 닭고기, 쇠고기, 쏘시지
또는 칠면조고기 등의 人造品이 되고 바람직한 형태로 成
型된다. 그림 26은 워딩튼 푸즈(Worthington Food's)社의
인조 베이큰과 인조 쏘시지의 조리 전과 후의 상태를 보인
것이다. 또 표 20은 섬유방사 단백질제품의 영양가를 나
타낸 것이며 표 21은 몇가지 일반식품의 영양가를 비교
한 것이다. 이 두가지 표를 잘 보면 이러한 제품들 — 일
부에서는 人造고기라 부르고 있는 — 이 영양적으로 가장
좋은 천연식품과 같거나 또는 더 좋다는 것이 명백하다.
실제로 높은 콜레스테롤(cholesterol)이나 칼로리에 관해서
걱정하는 사람들은 이러한 제품에 관심을 갖게 될 것이다.
예컨대 섬유단백질 〈베이큰〉은 진짜 베이큰이 한 조각당
약 50 cal 임에 비해 단지 16 cal 이다. 이 식품들은 천연제

[표 20] 위덩트炰와 베틀 크라크炰 제품의 성분분석 (단위 : g)

제품	단위	단백질	지방	탄수화물	회분	섬유	수분	칼로리
비그 페트(버거)	100 / 한덩어리=71	21.8 / 15.5	8.0 / 5.7	16.6 / 11.8	2.6 / 1.8	0.4 / 0.3	50.6 / 35.9	226 / 160
크라이스틱	100 / 1 프라이스틱=64	16.2 / 10.4	4.6 / 2.9	6.9 / 4.4	2.2 / 1.4	0.8 / 0.5	69.3 / 44.3	134 / 85
뉴메트	100 / 한조각=65	13.1 / 8.5	16.9 / 11.0	11.1 / 7.2	2.7 / 1.8	0.9 / 0.5	55.3 / 35.8	249 / 161
아페커틀덧	100 / 한조각=36	15.1 / 5.4	1.5 / 0.5	2.8 / 1.0	1.4 / 1.0	0.1 / 0.03	79.1 / 28.5	85 / 30
닭고기령 조각	100 / 한조각=28	21.4 / 6.1	18.5 / 5.2	2.7 / 0.8	2.6 / 0.7	2.6 / 0.7	54.8 / 15.5	263 / 75
쉬고기령 틀 및 조각	100 / 한조각=28	21.3 / 6.0	10.4 / 3.0	5.5 / 1.6	1.6 / 0.5	0.1 / 0.01	61.3 / 17.4	201 / 57
쑬즈베티 스테이크령	100 / 한조각=56.7	18.0 / 10.2	13.0 / 7.4	10.8 / 6.1	3.5 / 1.9	0.15 / 0.08	54.7 / 31.0	232 / 131
프라이드 치킨령	100 / 1/5 켄=74	10.7 / 7.8	8.0 / 5.9	4.4 / 3.2	1.7 / 1.2	0.07 / 0.05	75.3 / 54.9	132 / 97

쉬고기형 그레이브	100 / 1/6 캔=65	10.2 / 6.6	5.4 / 3.5	5.0 / 3.3	1.5 / 1.0	0.02 / 0.01	77.9 / 50.6	109 / 71
베아링크	100 / 2 링크=52	15.6 / 8.1	15.0 / 7.8	5.2 / 2.7	1.1 / 0.6	0.05 / 0.03	63.1 / 32.8	218 / 113
아케스칼롭	100 / 4~5 조각=70	14.6 / 10.2	0.6 / 0.4	2.7 / 1.9	1.7 / 1.2	0.2 / 0.1	80.2 / 56.1	75 / 53
아케스테이크	100 / 3~4 조각=70	14.9 / 10.4	0.8 / 0.5	4.7 / 3.3	0.2 / 0.1	0.2 / 0.1	79.2 / 55.4	86 / 59
초제쉬고기	100 / 4조각=28	21.3 / 6.0	7.7 / 2.2	11.6· / 3.3	4.0 / 1.2	0.17 / 0.05	55.3 / 15.7	201 / 57
칩면조형	100 / 2조각=28	20.2 / 5.7	15.9 / 4.5	6.7 / 2.0	2.8 / 0.8	0.26 / 0.07	54.3 / 15.4	251 / 71

[표 21] 일반식품의 영양가(단위 : g)

식 품	단백질	지방	탄수화물	수분	칼로리
全乳―1컵 (227g)	9	10	12	87	165
크림 카트지 치즈(100g)	12	3	3	78	90
삶은 달걀(2)	12	6	—	74	160
햄버거 패티―기름기 없는 고기 (100그램)	23	10	—	60	185
썬 양새끼고기―기름기 없는 고기 및 기름기 (100g)	24	39	—	44	450
통조림한 새우(100g)	23	1	—	66	150
볶은 땅콩(1컵)	39	71	28	2	840

품보다 제조원가가 싸고, 조리할 때 오그리들지 않으며 또 가공하는 것도 훨씬 쉽다. 더우기 맛도 천연제품과 별로 차이가 없다.

만약 이 제품들이 제조업자들이 **주장하는 것**과 같다면 이 것은 오랫동안 고기가 없거나 **또는** 고기가 적은 식사를 하 는 사람들에게 입에 맞는 것이 될 것이다. 그것은 환자의 식단을 바꾸어야 할 문제에 직면한 병원의 營養士들에게 흥 미있는 것이 될 것이며 菜食主業者나 宗敎上의 이유로 식 사가 제한되는 사람들에게도 神의 선물이 될는지 모른다. 현재의 상황으로 보면 2,3년 안에 이 제품들이 시장에 많 이 진열될 것이다.

더우기 오래지 않아 우리는 콩의 섬유를 방사해서 만든 〈베이큰〉을 섞은 매우 공상적인 인스탄트 아침식사를 제공 받게 될 것이다. 이 〈베이큰〉은 脫水되고, 주사위 모양으로 잘라서 빵반죽과 함께 섞는다. 구운 다음에 빵은 잘게 썰 어서 계란반죽 속에 살짝 담그고 나서 냉동해서 포장한다. 이리하여 소비자는 단지 이 빵조각을 토스터 속에서 구우 면 매우 간단한 베이큰과 달걀의 아침식사를 먹을 수 있게 된다. 옛날의 예언자가 말한 것 같이 「생각할 수 있는 것

178

은 만들 수 있다.」

필즈베리社의 宇宙食스틱(Space Food Sticks)이라 불리우는 제품은 이미 미국의 시장에서 수집, 검사되고 있다. 이것은 아폴로 달여행을 가능하게 한 식품기술의 도움을 받아 개발된 것으로 영양적으로 균형잡힌 스넥이며 식물유, 탄수화물, 조미료, 비타민 및 단백질인 카제인 나트륨(sodium caseinate)으로 被覆된 무기질을 포함하고 있다. 이러한 식품은 열량이나 영양분의 균형이 잘 잡혀 있지만 소비자들이 장래의 식품으로 결정하기에는 시간이 걸릴 것이다.

석유에서 단백질을? 이것은 1980년대의 수퍼마키트에서 흔히 볼 수 있게 될는지 모른다. 석유회사는 원유를 먹이로 성장하는 미생물이 있다는 것을 오래 전부터 알고 있었다. 박테리아나 菌類가 흔히 석유저장탱크의 바닥이나 석유를 함유한 토양, 더우기 타르로 포장한 도로의 밑바닥 등에서 성장하고 있는 것을 발견하곤 했다. 그러나 1952년까지 석유회사는 이 성가신 것에서 식량의 공급을 증가시키는 가능성에 관해서 연구를 시작하지 않았다. 이 해에 도이칠란트의 생물학자 펠릭스 유스트(Felix Just)가 파라핀을 培地로 효모세포를 성장시킨 시도가 성공했음을 발표했다. 이것이 석유단백질에 관한 최근의 연구였으며 그것은 효모나 그밖의 단세포미생물은 적당한 먹이가 공급되는 한 단순분열을 되풀이하기 때문에 즉시 커다란 흥미를 불러 일으켰다. 효모나 박테리아는 산소가 풍부한 탄화수소나 무기물의 용액 속에서는 아미노산을 제조하는 복잡한 식품 가공공장과 같은 것이라 생각할 수 있다. 이들 미생물은 이러한 아미노산을 써서 건축용 블록처럼 단백질을 합성한다. 이런 성장조건을 교묘하게 조작함으로써 미생물의 무게의 70%에 이르는 높은 품질의 단백질을 만들 수 있다.

인구가 증가하고 토지가 부족해짐에 따라 동물의 고기에서 단백질을 얻는 방법은 더욱더 비싸게 먹힌다. 예컨대

179

454kg의 숫송아지는 하루에 식용이 되는 단백질을 약 454g 정도 만드는데 박테리아는 같은 동안에 식용 가능한 단백질을 1,816kg이나 만들 수 있다. 더우기 박테리아는 토양, 햇빛, 비가 없어도 탱크 속에서 배양될 수 있으며 이들의 성장을 돌봐야 할 노동력도 필요없다. 표 22는 네가지 단백질원에 관해서 무게가 2배가 되는 데 필요한 시간을 나타낸 것이다.

〔표 22〕 성장률

種	倍增時間
박테리아	3～5시간
콩	1～2주
닭	2～4주
소	2～4개월

브리티쉬석유회사(British Petroleum)는 1963년 이래 프랑스의 라브라(Lavera)에 석유단백질의 시험공장을 운전하고 있다. 그리고 오늘날 이 문제를 연구하고 있지 않는 석유회사는 거의 없다. 어떤 회사는 박테리아로 시험하고 있고 또다른 회사는 효모로 시험하고 있다. 이들 박테리아나 효모는 원유의 파라핀, 메탄, 가스 오일, 천연가스, 2산화탄소, 더우기 낡은 신문*과 물을 개서 만든 것에서도 증식한다. 미국 鑛山局(Bureau of Mines)은 낮은 품질의 석탄으로 시험을 시도하고 있다. 이 미생물의 수확물을 여과한 다음 遠心分離機로 처리하고 건조시키면 SCP(single-cell protein, 單細胞蛋白質)라고 알려진 맛도 없고 냄새도 없으나 먹을 수 있는 흰가루(또는 얇은 조각)가 된다.

화학분석에 따르면 이 가루의 50～70%는 단백질로서 보

---

* 신문지를 잘게 썰어서 물에 녹인 혼탁물은 재미있게도 미생물의 좋은 먹이가 되므로 SCP로 전환할 수 있다. 따라서 이것으로 필요한 단백질을 다량 만들고 동시에 중요한 廢棄物의 하나를 다시 이용할 수 있다. 물론 이것은 하나의 再循環의 縮圖이다.

통의 식용식물에 결핍돼 있는 많은 아미노산을 다량 함유하고 있다. 이 단세포단백질은 많은 식품—밀가루, 수프믹스, 음료 등—과 섞어 영양가를 높일 수 있고, 다른 단백질원에 비해 비교적 값싸게 만들 수 있다.

SCP 제조의 副産物로 질이 좋은 연료유를 얻는다. 미생물이 먹는 기름은 대부분 낮은 품질의 원료인데 다량의 파라핀 왁스가 함유돼 있다. 미생물이 성장하면서 왁스를 다량 소모하여 정제된 기름을 남긴다. 이 기름은 가정의 난방과 디젤엔진에 적합한 No.2 연료유로 쓸 수 있다. No.2 연료유는 미국에서는 수요가 많지 않으나 유럽 여러 나라에서는 많이 쓰인다.

植物性紡絲蛋白質(spun vegetable protein, SVP)의 이야기로 잠깐 돌아가면, 이것은 SCP와 밀접하게 결합될 가능성이 있다. 그것은 SVP 개발이 SCP의 무한한 공급원이 되기 때문이다. SVP의 이용자가 SCP 분야의 발전을 주의깊게 지켜보고 있다는 것은 의심할 여지가 없다.*

나는 소가 아주 쓸모없게 되는 일이 없기를 바랄뿐이다. 왜냐하면 장차 〈石油製〉의 스테이크가 미래의 브리야-싸바랭(Anthelme Brillat-Savarin, 1755-1826) 같은 사람을 새로운 料理와 美食으로 고무할 것가인가를 의심하지 않을 수 없기 때문이다.

---

* SVP 제조의 기초원료로서 SCP를 사용하는 것은 미생물단백질을 얻는 과정 여하에 달려 있다. 만약 가공과정에서 단백질이 응고하지 않으면 내가 보기에는 그다지 어려움이 없다. 그러나 만약 응고하면 이것은 이미 放絲하기에 적합하지 않게 된다.

Ⅶ 장

하나의 見解

「굳건한 確信에 가득찬 의견은 때때로 대중에게 어
떤 종류의 사실을 알려 주어야 하는가 또는 알릴 수
있는가를 가르쳐 준다.」

라버트 왤더 (Robert Wallder)

《進步와 革命》(*Progress and Revolution*, 1967)

　모든 국민이 낙심한다는 것은 역사상 주기적으로 일어나
는 현상이다. 많은 사람들에게 이 시기는 無力感과 절박한
破滅感으로 기억된다. 오늘날 세계는 꼭 이러한 시기에 있으
며 일부 사람들은 과학과 과학자들에 의해서 초래된 변화를
비난하고 있다. 써 피터 메다워 (Sir Peter Brian Medawar,
1915 -)는 英國科學振興協會(British Association for the
Advancement of Science)의 회장 취임연설에서 이것을 다음
과 같이 훌륭하게 요약하고 있다.

　우리는 다시금 부패와 타락의 감정으로 意氣銷沈하고 있다. 이
것은 오늘날 적어도 부분적으로는 기술혁신에 의해 세계가 타락
하고 있다는 공포에서 비롯되는 것이다. 인공비료와 살충제는 우
리의 건강을 손상시키고(우리 자신이 그렇게 말하고 있다) 토양
과 바다는 화학물질과 방사성 폐기물에 의해서 오염되고, 약품
은 한 질병을 다른 질병으로 바꾸어 놓을 뿐이다. 이리하여 현대
인은 興奮劑 아니면 鎭靜劑의 영향 아래 있다. 우리는 다시금 실
망과 불완전성의 감정, 인간의 적절함에 대한 의문의 감정에 놓

어 있다. 이것을 장래의 역사가는 신경쇠약이라고 기술할는지도
모른다. 지식인이나 교양있는 사람들은 무엇인가 매우 정신이 이
상한(그러나 그럼에도 관대함과 친절을 지닌 어떤 것) 것에서 위
안을 구할는지도 모른다. 17세기 중엽에 케임브리지의 新플라
톤主義(Neo-Platonism)와 같은 과학과 종교의 신비적인 결합은 오
늘날의 현상과 대조를 이룬다. 이것은 아마도 떼이야르 드 샤르댕
(Pierre Teilhard de Chardin, 1881-1955)의 책이나 異敎, 그리고 동
양의 智慧의 신앙의 부활 속에 나타난다. 다시 거기에는 마치 비
합리성의 발견 또는 재발견이 逆說的으로 무의미한 것에 正當性
을 부여하는 것과 같은 철학적인 사고의 근거없음이나 또는 兩面
的 價値라는 것이 있다.*

미국에서 이러한 정신상태가 생긴 것은 몇가지 요인이
원인이 되고 있다. 그중 하나는 과학과 과학자에 대한 不
信感의 증대이다. 여기서는 생명과 건강, 더우기 인간적
조건에 대한 광범위한 개량에 관해서 과학과 그의 侍女인
기술에 의해서 이루어진 공헌의 오랜 역사가 다시 무시되
거나 망각되고 있다. 또 이러한 의문은 반드시 일어난다.
수명의 연장 ― 성서에 정해진 인생 〈90세〉를 넘겨 살고
있는 사람도 많다 ― 생명이 전에 없을 정도로 건강하게 됐
다는 사실, 많은 사람들이 안락하고 편리한 생활을 할 수
있게 됐다는 사실, 이러한 일들이 어떻게 가능하게 됐을
까? 어떻게 과학자에 대한 감사를 잊어버리게 되었을까?
이 이유에 대해서 란든대학 임피리얼대학(Imperial Coll
ege)의 메러디드 드링(Meredith Wooldridge Thring)교수는
광범위하게 만연되고 커져가는 이러한 경향을 설명하는 자
극적이며 합리적인 가설을 제안했는데 이것은 그림 27과
같은 그래프의 형태로 표시된다.**

* 「모든 가능한 것의 영향」, 영국의 엑스터(Exeter)에서 1969년 9
  월 3일에 개최된 협회에서의 연설.
* 드링교수의 견해는 영국의 식품과학기술연구소(Institute of Food
  Science and Technology)소장 매그너스 파이크박사에의해 미국에

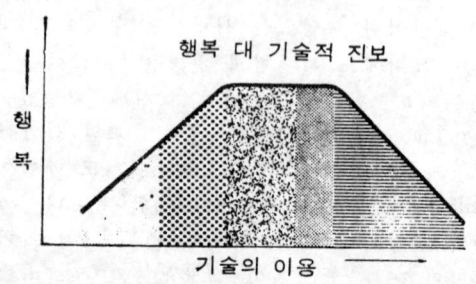

〔그림 27〕 기술진보와 행복

이 그래프의 가로축은 화살표에 따라 기술의 발달을 나타내고, 또 세로축은 화살표에 따라 행복의 증대를 나타낸다.

처음에는 행복과 기술의 진보가 행복의 증대를 가져왔다. 위생적인 수도, 하수처리씨스틈, 전기, 비누, 살균한 우유, 검사한 고기, 품질이 좋은 빵 등 하나하나가 인간의 행복을 증진시켜 왔다. 이러한 求愛와 낭만의 시기가 지난 다음에는 이 두 결합은 깨져서 기술의 진보가 행복의 증대를 유도할 수 없게 됐다. 이 사이의 과정은 곡선의 평탄한 또는 평평한 모양의 부분으로 나타나 있다.

계속해서 다음 시기에는 곡선이 내려가서 기술은 좋은 것을 지나치게 많이 만든 나머지 매력을 잃어버리게 된다. 풍부한 기술이 너무나 상승해 버린 것이다. 자동차나 비행기, 텔레비존 쎄트도, 그리고 DDT, 이 모든 것이 모두 너무나 많아졌고, 더우기 적어도 많은 인스탄트식품을 포함한 모든 것이 너무나 편리해져 버린 것이다.

과학자들은 그들의 연구를 너무나 진지하게 했고 그들의 일을 너무나 잘 했다는 죄가 있을는지 모른다. 그러나 과

소개됐다. 그것은 1970년 5월 25일 쌘 프런시스코에서 개최된 식품기술연구소(Institute of Food Technology)의 年會의 전체회의에서의 기조연설 속에서 제기됐다.

학자들은 역시 그들 자신이 最惡의 敵이었던 것이다.

식품과학자, 기술자, 화학자 그리고 영양학자들은 마치 다수의 일반대중이라는 것이 존재하지 않는 것처럼 오랫동안 그들 사이에서만 이야기를 해 왔다. 毒物學者나 약학자들은 소비자를 격려하는 단어를 하나도 쓴 일이 없다. 과학자는 단지 그들끼리 이야기하는 것으로 만족했으며, 한편 과학자가 아닌 사람들이 대중을 〈교육〉했다. 그결과 미국의 소비자는 사실처럼 가장하는 서로 충돌하는 의견에 압도당해 혼란을 일으키고 분노하였다. 우리의 식량공급이 역사상 이처럼 풍부하고, 다양하고 또한 안전한 적이 없었음에도 불구하고 소비자는 계속 위협받고 있다.

과학자들은 단순히 회합에 참석하고, 논문을 읽고, 그리고 집에 돌아가 좋은 日課를 보냈다고 만족하고 있다. 그러나 이것은 분명히 만족할 만한 상태가 아니다. 우리는 우리의 이야기를 일반대중에게 설명한다는 점에서는 한심한 일만 한다. 지금이야말로 우리가 대중을 위해서 이야기하고 글을 써야 하는 시기이다. 화려하나 시시한 주장을 하는 醜聞暴露者들과 〈有毒〉하다고 울부짖는 배우지 못한 아마춰가 득실거리는데 이것을 내버려 두고 우리만의 전문적인 회의에만 틀어박혀 있을 때가 아니다. 대학의 독립적인 과학자들이나 정부기관에서 일하는 다소 행동의 제한을 받는 과학자들도 역시 대중을 위해서 그들이 하고 있는 일을 올바르게 전달하는 데 실패한 죄가 있다.

과학자가 아닌 사람들은 그처럼 침묵하지는 않았다. 예컨대 1970년 7월 말에 란든에서 「科學의 恐怖와 期待」(The Threats and Promises of Science)라는 씸포지엄이 개최됐다. 主題는 가치있는 것이었다. 우리는 모두 자동차가 편리한 것임과 동시에 살인자라는 것, 또 外科用 메스는 살인을 위해서도 의과수술을 위해서도 쓰일 수 있다는 것을 알고 있기 때문이었다. 어쨌든 이때의 참석자의 한

185

사람*이 발표한 다음과 같은 誇張된 의문은 대중을 啓發시키는 데 아무런 공헌도 하지 못했다. 『미국에서는 약 3,000 종의 다양한 첨가물이 식품에 첨가된다. 그러나 이것에 관한 公的인 연구는 단지 이것들을 단독으로 사용했을 때 사람이 죽는 일이 없다는 것을 말해주고 있을 뿐이다. 이것을 두가지 또는 그 이상 섞어서 사용했을 때 어떤 일이 일어날 것인가에 관해서 연구하려고 고생할 사람은 없을까?』 그는 계속해서 「어떤 事故가 일어났을 때 단순히 그 첨가물 중의 하나를 시장에서 排除한다.」라고 말했다.

이 연설자는 식품첨가물의 시험에 관해서 아무 것도 알려고 하지 않은 것 같다. 그가 만약 이러한 노력을 하고 있었다면 여러가지 동물에게 또 어떤 경우에는 自願한 사람에게 전체 식사의 연구를 수행하여 複數의 첨가물의 안전성의 완전한 범위에 관해서 시험하고 있는 것을 알고 있었을 것이다. 또 그의 다음 설명도 만약 그가 의미하는 〈事故〉라는 말이 허용량보다 많은 양의 첨가물을 우연히 식품에 첨가했다고 하는 나의 추측이 옳다면 결국 마찬가지로 오류를 범하고 있다. 이러한 경우 오염된 일단의 식품은 시장에서 제거되지만 그 첨가물의 사용 자체가 금지되는 일은 없을 것이며 또한 어떤 약품을 의사가 우발적으로 허용량 이상 투여했다고 해서 그 약품의 사용이 금지되지는 않을 것이다. 그러나 자레츠키교수가 연설하기 전에 연구를 했다면 그의 의견이 《썬디 텔리그라프》(*Sunday Telegraph*)에 인용되지 않았을 것이다. 나는 다시 한번 과학자들에게 다음과 같은 것을 지적하고 싶다. 만약 과학자들이 필요한 교육을 했다면 과학을 모르는 사람들이 잘

---

* 버펄로의 뉴욕주립대학 사회사업학과의 교수 앨른 자레츠키 (Allen Zaretzky)이다. 그는 사회사업 석사학위를 가지고 있다. 여기서 인용한 문장은 란든의 1970년 7월 28일의 《썬디 텔리그라프》에서 전재한 것이다.

못된 中傷的인 기사를 신문에 발표하는 일이 일어나지 않았을 것이다. 이리하여 일반대중들도 공포에 떨지 않게 되고 새로운 개념을 받아들이는 데 오히려 더 열심이었을는지 모른다. 이러한 과학시대에 일반대중의 과학에 대한 불신감이 한없이 깊다는 것은 오늘날의 가장 기묘한 逆說이다. 문명은 과학과 기술에 크게 의존하는데도 미국사람들은 과학적인 文盲이다.

이와같이 과학과 과학자들에 대해 대중적으로 否定的인 분위기가 있음에도 과학의 새로운 발전에 관해서 알고 있기 때문에 이러한 태도가 널리 퍼지는 것은 아니다. 실제로 새롭고 찬란한 발견이 열망되고 이러한 발견은 오늘날 신문, 방송 그리고 TV에 정규적으로 특별기사로서 보도되고 있다.

불행히도 많은 과학집필가나 과학기자들은 나날의 신문의 과학란이나 텔레비존 쇼를 통해서 과학을 설명하는 데 실패하고 있다. 이러한 기사의 항목들은 흔히 최초의 발견에 관한 것 뿐이며 이들 대부분은 최초의 발견자나 그밖의 미국의 다른 지역 또는 세계의 다른 과학자들이 되풀이해서 실증하고 재실험해야 한다. 이러한 새로운 발견에 대한 이해와 消化의 부족이 대중을 잘못된 방향으로 이끌게 한다. 그 결과 독자들은 때때로 대립되는 설명과 과학자 사이에 나타나는 견해의 차이로 말미암아 혼란을 일으키고 당황하게 된다.

또하나 불행한 것은 대부분의 독자들이 의견의 차이가 과학을 발전시키는 것임을 이해하지 못하고 있다는 것이다. 의견의 차이*가 과학자들에게 계속 그들의 실험과 데이터

---

* 의견의 차이는 어떤 연구자가 생쥐를 사용하는 반면, 다른 연구자가 토끼나 개를 사용하는 결과 야기될 수도 있다. 어떤 연구자는 꽤 무 적은 수의 동물을 사용했거나 또는 단지 하나의 性만 사용했을는지도 모른다. 또한 어떤 연구자는 실험을 1년동안 계속했는데 다른 연구자는 3개월 동안만 했을는지도 모른다. 이러

빛 결론 등을 검토하고 또 재검토하도록 한다. 따라서 접혀진 〈책〉이나 〈최종적〉으로 완결된 연구라는 것은 있을 수 없으며 오히려 새로운 器機나 이론이 有用해짐에 따라 주기적으로 재검하고 평가하는 것이 중요하게 된다.

결국 저자는 다음 두가지를 呼訴하고 싶다. 첫째, 어느 연구소 또는 연구자가 발표한 開發을 읽었을 때 보고된 새로운 발견이 學說로서 받아들여지기 전에 많은 재조사와 재검사가 필요하다는 것을 잊어서는 안된다. 둘째, 일반대중을 상대로 기사를 쓰는 기자들에게 호소하고 싶은 것인데 그들은 과학란에 어떤 연구의 의미를 제시할 뿐 아니라 그 연구가 새로운 것이며 그것이 막연하게 적절하다거나 또는 확실하다고 생각될 때까지 實證이 필요하다는 것을 분명히 지적해 주어야겠다.

정치가들도 역시 演技를 하는 데 지나지 않는다. 왜냐하면 그들은 식량공급문제가 매우 민감하게 得票와 관계된다는 것을 알고 있고, 또 그러려면 신문에 널리 얼굴을 내미는 것이 가장 좋기 때문이다. 그들은 정책결정의 과정을 전문적인 과학자에게서 동떨어지게 하고 정치권력의 결탁에 의한 지배가 모든 것을 결정하는 정치무대에 이것을 가져올 수 있다. 싸이클러메이트의 큰 실수는 실험실에서의 발견에 너무 앞선 보도*와 결부된 정치적 결정의 뚜렷한

한 차이는 투여한 화학물질의 농도가 다르기 때문에 일어나기도 한다. 또한 이러한 차이는 화학물질을 주입한 부위가 다를 때도 일어난다. 더우기 對照群이나 비처리군의 선택, 사용방법이 부적당하기 때문인지도 모른다.
* 과학자들도 후자의 위험성을 알고 있다. 과학적인 발견에 대한 발표가 너무 빠르면 「세상에서 인정받고 싶어하는 개인적인 야심이 더욱 완전한 데이터를 필요로 하는 냉정한 판단을 분명히 앞질러 버린다.」라고 하버드의과대학 외과교수이며, 보스튼의 피터 벤트 브리검(Peter Bent Brigham)병원의 外科科長 프랜시스 D. 무어(Francis D. Moore)박사가 적고 있다. 이것은 CA, 1970 년

에이다. 쥐에 다량의 싸이클러메이트를 주사하는 실험에
서 얻어진 데이터를 바탕으로 1970년 1월 1일 싸이클러메
이트를 식품 및 음료에 사용하는 것을 금지했다. 그러나
같은 해 6월 FDA 위원장 찰즈 C. 에드워드박사는 싸이클
러메이트의 규제를 재검토하기 위해 의학적인 자문그룹을
소집한다고 발표했다. 그런데 두달후 이 의학자문그룹의
유익한 토의를 기다리지 않고 싸이클러메이트는 금지돼 버
렸다. 아마 가까운 장래에 이러한 입장이 反轉될 것으로
예상된다. 「소비자의 최선의 이익을 위해서」취해진 이러
한 모순되는 결정은 소비자를 懷疑하게 할 뿐 아니라 불
안에 빠뜨린다. 실제로 여기에 믿을 수 없는 갭이 존재한
다는 것을 알게 되면 소비자의 불신감도 도리가 없게된
다.

　최근 다랑어에서 검출된 수은에 대한 공포는 공공기관의
무책임이 절정을 이룬 사건이었다. 이를 알린 신문의 표제
나 라디오, 텔레비존의 보도에 다랑어통조림이 「오염되었
다」고 말하고 있다(이러한 煽動的인 언어는 개인적인 심
리적 필요에 따라서 여러가지로 해석된다). FDA는 생선
에서 검출되는 수은의 허용량에 관해 스스로 獨斷的인 기
준을 마련하고 있다. 그들은 조사한 셈플 중에서 허용량
을 上廻하는 수은을 함유한 생선이 얼마 안되는데도 시장
의 진열대에서 100만개의 다랑어통조림을 회수했다. 동
시에 FDA는 소비자에 대해서 몰수한 통조림이 우리의 건
강에 어떠한 해도 주지 않는다고 보증하고 있다. 그러나
소비자는 이러한 모순을 어떻게 생각할까? 해롭지 않은
다랑어가 진열대에서 제거된 것이다.

　더군다나 우리는 1927년이라는 오래 전에 통조림한 다랑

7, 8월호 pp. 213-23에 실린 「치료혁신―新藥 및 새로운 외과수
술의 최초의 임상실험에 있어서의 윤리적 경제」라는 기사에 적혀
있다.

어는 어제 통조림한 것과 같거나 더 많은 수은을 함유하고 있다고 말했다. 그러나 이 주목할 만한 관찰이 무엇을 의미하는지 모르고 있다. 다시금 독자들은 무엇이 무엇인지 알 수 없게 돼 버린다.

이미 이러한 격렬한 상황에 있는데 불에 기름을 붓는 격으로 미나마따병(Minamata disease)에 신문이 매일과 같이 다랑어기사를 보도했다. 1950년대에 일본의 미나마따(水俣市, 熊本縣)에서 조개를 먹은 사람이 신체장해를 일으키거나 죽는 사건이 일어났는데 이 조개에서 수은이 발견된다는 것이 되풀이 보도됐다. 이리하여 미나마따병과 다랑어 통조림 사이에 관련이 있는가 없는가 하는 판단은 우리 자신의 의사 — 이것도 개인적인 심리적 필요에 의존한다 — 에 맡겨진다. 사실은 미나마따에서 사건을 일으킨 조개에서 발견된 수은의 양은 다랑어에서 기록된 수은의 100∼1,000배의 수준에 이른다.

의미심장하게도 캐너더, 쉬든 그리고 영국 등에서 시판되는 생선에서 수은이 발견됐음이 보고되었으나 어느나라도 이 생선을 시장에서 회수하지 않았으며 또한 대중도 히스테리상태에 있지 않았다. 그러나 미국에서는 「어머니는 무얼 할까?」라는 농담어린 탄식이 절망적인 울부짖음이 되고 있다. 그렇다면 미국에서 수은騷動이 필요했을까? 캐너더, 쉬든, 그리고 영국 등의 보건에 책임있는 당국이 그들 시민의 보건에 대해서 냉담하게 等閑視했다고 비난받아야 할 것인가? 결코 그렇지는 않다.

듀크(Duke)대학에서 公衆保健學 교수로 있는 레너드 J. 골드워터(Leonard J. Goldwater)박사는 《뉴욕 타임즈》(*The New York Times*)에 보낸 편지에서 다음과 같이 말하고 있다.

나는 환경 속에 존재하는 수은화합물(많은 다른 화합물질과 마찬가지로)에 대한 관심에는 그나름의 이유가 있다는 것을 절대

190

로 부정하는 것은 아니다. 그러나 나는 첫째로 정보가 불충분한 사람들이 단지 드높은 絶때를 한다는 이유만으로 **서둘러 잘못된 조처**를 취하는 일이 없도록 강조하고 싶다. (고딕체는 저자)

《란든 타임즈》(*The Times*)는 영국의 농무장관의 말을 다음과 같이 인용하였다. 「시험결과는 쉬든을 포함한 다른 나라에서도 이 모든 생선이 안전한 범위 안에 있음을 나타내고 있다. 따라서 가정주부들이 이것을 사지 않을 이유가 전혀 없다.」

여기에서 한가지가 아주 명확해진다. 즉 우리의 식품의 약품국은 세계의 모든 나라로부터 존경을 받고, 많은 나라의 指導役을 맡고 있으나 미국에서는 FDA에서 무슨 덕을 볼지 알 수 없기 때문에 아무나 찰 수 있는 정치적 축구공이 되고 있다. 이 게임에서 우리는 모두 패자가 될 것이다. 그러나 더 나쁜 것은 이 게임이 아직 끝나지 않았다는 것이다. 이 혼란된 무대가 건전한 모습으로 되돌아오기까지 우리는 더욱더 같은 일을 기대할 수 있을 것이다.

딜러니개정법안이 어떻게 또는 왜 제정됐는지, 또한 뉴욕특별구의 제9차 지방의회 의장 제임즈 J. 딜러니(James J. Delaney)가 어떠한 동기에서 이 법안을 추진했는지 알고 있는 사람은 거의 없다. 《오늘의 營養》(*Nutrition Today*)의 편집장 리처드 M. 스탤비(Richard M. Stalvey)는 최근 속담에 나오는 황소 뿔을 잡고 여러가지 논쟁이 있는 식품첨가물법의 〈癌條項〉의 창시자와 회견하였다.

議員의 이야기는 다음과 같다.

예컨대 어느날 내가 핫 초콜릿(hot chocolate)을 마시면서 세차게 느낀 것이 있었다. 내가 어린 시절 어떻게 〈진짜〉 초콜릿의 얇은 리본을 깎아서 핫 초콜릿을 만들었는가를 회상하고 있었다. 그것은 커다란 막대로 팔고 있었으며 뜨거운 우유에 녹았다. 마시고나면 컵의 바닥에는 언제나 녹지 않은 초콜릿의 침전물이 있었다.

오늘날 초콜릿은 찬물에도 녹으며 결코 침전이 생기지 않는다. 이것은 초콜릿에 에멀숀化劑가 첨가된 것을 의미한다. 매우 센 화학물질을 첨가해야만 이런 결과가 초래된다는 것을 나는 확신한다. 이러한 에멀숀화제가 인체에 어떤 영향을 미칠까? 나는 스스로 물었다. 우리의 근육조직에 있는 지방세포에 어떤 영향이 나타날 것인가? 나는 이러한 화학물질은 인체에 반드시 殘留毒性을 형성할 것이라고 믿었다. 여섯 또는 일곱잔을 마시는 것으로는 아무런 영향도 없는 사람들도 여덟번째의 한 잔에 취해 떨어지는 일이 있다는 것을 당신은 안다. 이러한 일이 나에게 이 문제에 심각한 관심을 갖게 하였다.

아테네 시민 투키디데스(Thucydides, B.C. 471?-400?)는 공적인 문제에 관해서 현명하게 결정하는 데 가장 심각한 장애가 되는 것은 서두르는 것과 흥분하는 두가지라고 강조하고 있다. 또 로슈푸꼬公爵(François, Duc de la Rochefoucauld, 1613 - 80)은 「정치가가 눈을 현혹케 하는 커다란 충격적인 행동을 취할 때 그것은 위대한 계획의 결과라기보다 보통 그때의 기분이나 흥분상태가 원인이 돼서 일어난 결과이다.」라고 기술하고 있다.

聯邦 및 州當局에 의한 곡물에의 DDT 사용금지는 광범위하게 중요성을 띤 결정으로서 이것도 과학적인 조사에 따른 합리성에서 비롯되었다기보다 신문이나 정치가들의 열기와 성급함에 의해서 만들어진 또하나의 예이다. 이 논쟁은 아직 계속되고 있다. 왜냐하면 DDT는 파괴적인 과학기술과 인간의 생명을 무시한 대기업의 냉담의 보기라고 보는 사람들에 관해 거의 매일 신문이 보도하고 있기 때문이다.

DDT의 효과에 관한 과학적 반응은 전혀 다르다. 기업, 정부, 대학의 전문적인 화학자들로 구성된 전국적 조직인 美國化學會(American Chemical Society)는 1969년 9월에 다음과 같이 보고했다. 『살충제의 사고 또는 故意에 의한

誤用 때문에 일어났다고 알려진 질병이나 사망자수는 이러한 화학물질에 의한 전염병을 운반하는 해충의 구제와 식량생산의 증대라는 이익에 비하면 훨씬 비중이 작다. 현재 미국의 식사나 환경 속에서 발견되는 정도의 농도로는 이러한 소량의 살충제에 장기간 노출돼도 인간에게 어떤 유해한 효과가 있다는 증거가 없다. 따라서 오늘날 인간의 건강에 대한 살충제의 진짜 영향이란 넓은 의미에서 독단적인 것이다.』*

　같은 해 12월에 보건교육복지성장관이 소집한 전문가회의의 보고가 출판됐다.** 이 회의는 현재의 식사나 환경에서 보여지는 정도의 양의 DDT가 인간의 질병의 원인이 되는 것을 보여 주는 확실한 증거는 없다고 지적했다. 그리고 1970년 6월 醫務監 제씨 스타인펠드(Jessie Steinfeld)는 의회의 위원회에서 DDT가 인간의 건강에 해롭다는 증거는 없다고 증언하고 있다.

　DDT의 해로운 효과에 관한 신문보도에 힘을 얻은 살충제반대세력들은 이 성명들과 과거 5년 동안 전체 식사의 연구로 우리의 식품에 남아 있는 살충제의 양이 해롭지 않다는 것이 판명된 것을 무시하고 있다.

　실제로 DDT문제에 관해서 대중은 그들 자신과 싸우고 있다. 소비자는 한편으로는 살충제를 비난하면서 또 한편으로는 인구폭발이 계속***돼서 수백만이 飢餓에 허덕이는

---

* 미국화학회의 화학과 사회문제에 관한 위원회에서 환경개선소위원회(Subcommittee on Environmental Improvement)가 제출한 「환경정화 : 행동의 화학적 기초」에서.
** 「살충제와 이의 환경위생과의 관계에 관한 장관 자문에 대한 보고서」. 이 보고서는 회의의장 에밀 M. 므락(Emil M. Mrak)의 므락보고서에 자주 언급하고 있다.
*** 최근 UN 식량농업기구는 1969년에 12년간에 처음으로 세계의 농업, 어업, 임업의 생산증가가 보이지 않았는데 비해 세계의 인구는 연간 약 3% 계속 증가하고 있음을 보고하고 있다.

것을 걱정하고 있다. 그러나 식량생산자들이 화학적 살충제의 도움을 받지 않고 어떻게 에이커當의 수확량을 증가시킬 수 있을 것인가?

최근에 휴스튼(Houston)의 베일러(Baylor)의과대학 정신분석학교수 힐디 브룩(Hilde Bruch)박사는 다음과 같이 적고 있다.

인생의 이른 시기에 불건전한 경험을 얻으면 그 사람은 기본적 신뢰감이 형성되지 못하며 깊은 불신감에 빠지게 되고 따라서 인생의 여러 상황에서 공포를 경험하게 될 것이다. 이러한 사람들은 성격적으로 완고하게 되고 만족감을 얻기 위한 여러가지 충동을 억제하게 된다. 이리하여 그들은 항상 억압된 敵意를 배출하고 억압된 性的 衝動을 방출시키려는 경향을 나타낸다. 그들은 언제나 편리하고 문화적인 것에 대신 죄를 덮어 씌운다.

이러한 사람들은 안전은 순수와 같으며 건강이라는 것은 자연 그대로의 것이라고 생각한다. 이러한 사람들은 순수한 식품, 순수한 도덕, 그리고 순수한 인종이라는 것에 지나친 관심을 갖게 된다. 안전은 오래되고 익숙한 데 있으며, 새롭고 익숙하지 않은 것은 무서워한다. 새로운 습관, 새로운 식품, 새로운 의약품 또는 새로운 생각 등을 疑惑과 우려의 눈으로 본다. *

기술의 진보는 필연적으로 우리 생활에 변화를 초래했고 이러한 변화는 어느정도의 위험성을 수반하고 있다. 저자는 식품에 첨가하는 화학물질에 관해 일어나는 모든 의문을 믿지 않는 것도 아니고, 또한 식품의 제조, 취급, 저장 등이 언제나 완전하다는 것을 시사하는 것도 아니다. 사실에 반대되는 것 같은데 사람들은 팽창하는 인구에 대해서 적절하고 營養的인 식량공급을 추진시킴으로써 장애가 일어날는지도 모른다는 사실을 直視해야 한다. 그러나 사람들은 이러한 장애에 관해서 배울 때 이것을 故意的 또는

* 「유행식품과 엉터리 영양식품의 매력」, 《미국영양협회지》(*Journal of the American Dietetic Association*), 57호, pp. 316-20, 1970.

고의적이 아니라 해도 흔히 진실을 왜곡하는 비과학자들
에게서 배울 것이 아니라 식량공급의 개발에 깊이 관여하
는 과학자에게서 반드시 배워야 한다.

널리 퍼진 실망 가운데서 대중은 불가능한 것, 즉 위험없
는 진보를 요구하고 있다. 과학자나 정부는 여기에 어떠한
보증도 줄 수 없다. 그러나 과학자는 그들의 발견을 소비
자도 이해할 만한 언어로 표현함으로써, 또한 정부는 식품
에 관한 법률을 강화함으로써 그들을 도울 수 있게 된다.
不正食品에 대한 현재의 罰則은 너무 가볍고, 더우기 위반한
소규모가공업자가 벌을 받아도 그 판결은 결코 널리 세상
에 알려지지 않으므로 그가 원래는 당연히 받아야 하는 대
중의 비난을 모면하게 된다. 대중의 면밀한 吟味의 빛을 피
하는 것은 너무나 쉽다. 눈에 띄지 않는 어느 잡지에 실린
판결 일람표나 법적 조처 등은 소규모가공업자들을 제지하
지 못한다.

두번째로 저자는 성분을 目錄化한 현재의 법률이 진실로
소비자의 가장 큰 이익이 되는가 어떤가를 의심한다. 규격
화되지 않은 식품에 대해서는 모든 성분을, 또 규격화된
식품에 대해서는 모든 追加成分을 레테르에 기재해야 한
다고 의회가 법령으로서 공포했을 때 이것은 분명히 소비
자의 이익이 목적이었다. 그러나 이렇게 기재하는 것이 실
제 소비자에게 이익이 될까? 일반소비자가 이러한 성분표
에서 유익한 정보를 얻을 수 있을까? 또 그들에게 불쾌감
과 불안감을 주지 않을까? 立法者들이 법률을 제정할 때
는 사람들이 원하는 것이 무엇인가를 알아야 하는 것이지,
그들이 무엇을 원하고 있다고 짐작해서는 안된다. 모든 성
분을 기재하는 것은 흔히 화학물질의 캐털로그와 비슷한데
이것은 유익하다기보다 아마 더 해로울는지 모른다. 그럼
에도 최근 베디 퍼니스(Bethy Furness)는 소비자를 변호하

여 다음과 같이 적고 있다.* 『프렌취 드레씽의 기본성분은 기름과 식초와 소금과 후추이다. 그런데 레테르에는 무엇이 적혀 있는가? 식물성고무, 알긴유도체, 허드록시프로필 메틸 셀룰로스(hydroxypropyl methyl cellulose), 거기에 방부제로 첨가한 칼슘2나트륨 EDTA가 있다. 독자는 그들이 농담하는 것으로 생각할 것이다. 고대 그리스에서 유래한 것으로 보이는 첨가물 외에 어디에 기름이나 식초나 소금이나 후추가 있을까?』그녀는 소비자가 원하는 것은, 또 레테르에 기재해야 하는 것은 제품의 영양가에 관한 정보라 믿고 있다. 즉 지방, 탄수화물, 단백질 등의 퍼센트와 100 g(3 온스)당 칼로리이다. 물론 어떤 균형잡힌 外觀이라는 것도 필요하다. 이러한 점에서 최근 FDA의 식품부장 버질 워디커(Virgil Wodica)가 지적한 다음 말은 적절하다고 생각된다. 「우리가 바라는 것은 영양에 관한 전문논문과 현재와 같은 어떤 본질적이 아닌 것 사이의 절충안이다.」

더우기 특정한 식품에 대해서 特異體質을 가졌거나 종교상의 이유로 어떤 종류의 식품을 금지당하고 있는 것을 포함해서 특별히 식사제한을 받는 사람들에게 있어서 아마도 이러한 기재는 주의를 끌 것이다. 이 점에 관해서 하나의 예를 들면 캠벨(Campbell)社와 프로그레쏘(Progresso)사에서 만든 미네스트론 수프**(minestrone soup) 통조림의 성분에 차이가 있다. 만약 성분표가 기재돼 있지 않으면 캠벨사의 설명서에 있는 베이콘이 주목을 끄는 일이 없었을 것이다. 또 이러한 것이 기재돼 있지 않으면 아이스크림에 들어 있는 달걀(단백질)도 알레르기성 과민증이 일어나기까지는 어떤 주목도 끌지 않았을 것이다.

이것은 어느 지방의 관심사라기보다는 오히려 국민적인

---

* 《머콜誌》(*McCall's* magazine), 1970년 6월호.
** 역자주 : 소면류 및 야채를 넣은 수프의 일종.

관심사이며, 어떤 입법화가 제안되거나 법률이 서명되면 우리 모두가 영향을 받게 된다. 저자는 의원들이 개인적인 기호에 관해서 쓰기에 앞서 충분한 토론을 수행할 것을 지적하고 싶다. 우리 모두가 함께 살아가지 않으면 안되는 이상 국민적 합의라는 것은 법률을 제정하는 사람들에게는 커다란 가치가 있는 것이다.

과학과 행정이 최선의 협력을 한다고 해도 저자는 다음과 같이 예언한다. 이 우울한, 그리고 파멸의 시대에서 해방되고 과학이 명예를 회복하기 전에는 아미노트리아졸, 싸이클러메이트, DDT 등의 예에서 보는 것 같은 커다란 실패를 되풀이할 것이다. 즉 자동차, 가스 스토브, 석유난로, 그리고 그밖에 우리가 필수품이라고 생각하고 있으나 잠재적으로 위험한 수백가지 발명과 마찬가지로 사람들이 식품기술의 새로운 혁신과 관련된 위험성을 침착하게 받아들이는 것은 다음 일이 될 것이다.

의견과 신념에 유리한 증거를 무시하는 이러한 反知性的 反科學시대에 살기 위해서는 많은 사람들이 언젠가는 석유에서 만든 스테이크나 방사선조사된 감자를 먹는 것이 적어도 길을 건너는 것보다 위험성이 적다는 것을 인식하게 될 것이라고 믿는 것이아마도 필요할 것이다.

이런 점에서 3세기 전에 토머스 홉스(Thomas Hobbes, 1588 - 1679)가 말한 것을 회상하는 것이 좋을는지 모른다. 「우리가 살아 있는 한 영원한 마음의 평온 같은 것은 없다.」

이 책의 첫장에는 브리야-싸바랭의 말이 있다. 즉 「국민의 운명은 그들이 어떻게 먹는가 하는 방식에 달려 있다.」 저자는 한사람의 국민으로서 우리가 잘 먹고 있으며, 앞으로도 계속해서 잘 먹으리라고 대담하게 말할 수 있다. 저자는 우리의 미래를 낙관한다.

참고문헌

Boyland, E., and Goulding, R., *Modern Trends in Toxicology*, London: Butterworth's, 1968.

Chemicals Used in Food Processing, Food Protection Committee, NAS-NRC. Publication ＃ 1274, 1965.

Food Chemicals Codex, Food Protection Committee, NAS-NRC. Publication ＃ 1406, 1966.

Friedman, Leo, *Safety of Food Additives*, FDA Papers, March, 1970.

Problems in the Evaluation of Carcinogenic Hazard from Use of Food Additives, Food Protection Committee, NAS-NRC. Publication ＃ 749, December, 1959.

Procedures for Investigating Intentional and Unintentional Food Additives, World Health Organization, Technical Report Series, ＃ 348, Geneva, 1967.

The Safety of Foods: An International Symposium on the Safety and Importance of Foods in the Western Hemisphere, Westport, Conn., Avi Publishing Co., 1963.

Use of Human Subjects in Safety Evaluation of Food Chemicals, Food Protection Committee, NAS-NRC. Publication ＃ 1491, 1967.

찾아보기

208

209

211

사람이 살아가는 데 의식주가 가장 기본적인 필요조건임은 말할 나위도 없다. 그러나 이중에서도 먹는 것이 우선은 급한 일이다. 따라서 먹기 위해서 벌어야 하고 싸워야 한다는 엄연한 현실도 외면할 수 없다. 그런데도 세상이 묘하게 변해서 입속으로 들어가 보이지 않는 음식보다도 외면에 나타나는 걸치레에 신경을 더 쓰는 경향이 있다. 이리하여 분에 넘치는 좋은 집과 요란한 옷이 우선은 귀한 계층의 사람으로 돋보이게 하는 요건으로 일부 사람들의 판단을 흐리게 하곤 한다.

근래 자원부족으로 떠들석한데 특히 먹는 것의 부족이 당장 걱정거리로 부상되고 있다. 3,000칼로리가 채 못되는 열량을 흡수하기 위한 이 무서운 싸움이 앞으로 점점 더 심해지리라는 것은 가히 짐작하고도 남음이 있다.

그런데 먹다 보니 좋은 것, 맛있는 것, 구미에 척 들어맞는 산뜻한 음식물을 찾는 사치한 생각도 들기 마련이어서 식품업자들은 나날이 새로운 식품을 개발하여 생산하고 있다.

우리가 겨울철에 즐겨 먹는 김치찌개만 해도 벌써 자연 그대로의 구수한 맛에 만족치 않고 여기에 흔히 쓰는 조미료를 넣어 새로 변질된 맛에 익숙해졌다. 음식이 변하니까 입맛도 변하고 그래서 새로운 입맛을 요구하고 이런 일이 계속 되풀이되고 있는 것이 실정이다.

갖가지 식품은 어느 것이나 천연에 존재하건, 사람이 합성했건 화학물질을 포함하기 마련이다. 이러한 물질은 모두 안전한가, 그렇지 않으면 위험한 것인가, 한번쯤은 생각해 볼 문제이다. 책 제목이 시사하는 의미에 끌려 번역을 착수한지 2년이 가까와 온다. 듣도 보도 못한 미국회사의 식품명이 나오는데 이걸 어떻게 표시해야 하는가 하는 어려운 문제에 골몰하기도 했다.

저자가 의도하는 바는 다름 아니라 천연물질이라 해서 몇

어놓고 좋은 것은 아니라는 것, 또 실험실에서 합성한 식품 첨가물이라고 해서 모두 해로운 것은 아니라는 것, 이런 것이 책의 전체 흐름에서 파악됐다. 알맞게 먹으면 안전하다는 확실한 실험데이터를 기초로 해서 사용돼야 한다는 것이 그의 결론이다. 하물며 무허가로 밀조된 갖가지 유해식품의 범람은 다음 세대에게 커다란 죄악을 범한다는 것을 깨달아야 한다.

번역하고 교정을 보면서 느낀 바이지만 꽤나 재미 없는 책이 아닌가 하는 생각도 든다. 긴 긴 겨울밤 난로가에 앉아 오손도손 나누는 먹는 이야기는 지루하지 않아야 할텐데 이 책은 그렇지 못하다.

그러나 근래 식품에 대한 관심이 점점 높아져가고 식품공해니 뭐니 해서 꽤나 떠들석한 형편에 이러한 책이 읽혀져서 식품첨가물의 본질을 파악하고 이해하며, 나아가서 걱정을 해소시키고 경각심을 불러일으키는 데 도움이 된다면 보람을 느낄 것 같다.

자그마한 책자의 번역에 많은 시간을 빼앗긴 것은 접어 두고라도 이 책을 번역하는 동안 겪었던 개인적인 봉변은 두고 두고 기억에 남게 될 것이다. '74년도 겨울방학이 시작되자 절반 이상 진척된 내용을 다듬으면서 '75년 봄에는 햇빛을 보리라 생각하고 수선을 떨었는데 난데없이 반갑지 않은 손님의 방문으로 온 가족이 10년감수하는 정말 기막힌 소동이 벌어졌다. 소중한 세 남매 성수, 수진, 현수가 엄마의 침착한 태도와 설득을 받아들여 현명하고 슬기롭게 대처해서 어려움을 이겨내어 별탈이 없었던 것은 두고 두고 자랑스럽게 기억될 것이다. 이들 우리의 2세들을 건강하게 무럭무럭 자랄 수 있게 하는 좋고 해롭지 않은 식품이 계속 개발될 것을 기원하는 마음 간절하다.

끝으로 이 책을 번역하는 데 귀중한 참고와 조언을 주시고 샅샅이 읽어 잘못을 고쳐 준 전파과학사 韓明洙주간님과 원

216

고교정, 색인처리 등을 도맡아 해 준 연세대 교육대학원 柳
靜春양에게 심심한 사의를 표한다.

1976년 1월 8일   장안동 연구실에서

朴 澤 奎

우리가 먹는 화학물질   A60

초판 1976년 1월 25일
9쇄 2005년 5월 30일

옮긴이 박 택 규
펴낸이 손 영 일
펴낸곳 전파과학사
        서울시 서대문구 연희2동 92-18
등 록 1956. 7. 23 / 제10-89호
전 화 02-333-8877 · 8855
팩 스 02-334-8092

www.s-wave.co.kr
E-mail : s-wave@s-wave.co.kr
        chonpa2@hanmail.net

ISBN 89-7044-360-6 03430

刊 行 辭

현대를 일컬어 科學技術時代라고 한다. 그런데도 우리나라의 科學技術은 지금까지 특징인의 두뇌와 국한된 象牙塔, 공상 속에만 갇혀 있다. 우리의 긴긴한 課題는 이를 해방하여 널리 大衆 속에 파고 들게 하고 事物을 科學的으로 탐구하는 안목을 길러서 보다 나은 앞날의 科學을 創造할 힘의 원천을 확보하는 것이라 믿는다.

科學지식의 大衆化, 科學의 生活化로써 科學技術의 진흥을 꾀하려는 것이 《現代科學新書》라 이름하여 황무지와 같은 이 땅위에 씨앗을 뿌리려는 참 뜻이다.

우리는 東西古今의 科學古典을 천착하여 教養의 터전을 굳히고 專門知識을 보편·平易化해서 人工衛星에서 부엌살림에 이르기까지 도도히 밀려들고 있는 새 科學技術의 내용을 소화하며 現代科學技術의 人間的 및 社會的 의미를 再考하는 동시에 복잡다기한 科學時代를 살아가는 叡知와 적응력을 얻게 하고자 한다.

〈科學을 당신의 포키트에!〉 쉽고 재미있고 알찬 科學知識을 언제 어디서나 누구든지 손쉽고 값싸게 얻을 수 있도록 하려는 것이 이 《現代科學新書》의 목적이다. 그리하여 이것이 당신의 좌우에서 스스로의 教養科學大學으로 이바지할 수 있기를 간곡히 바라는 바이다.

1973 年 1 月

《現代科學新書》 發行人

係 永 壽